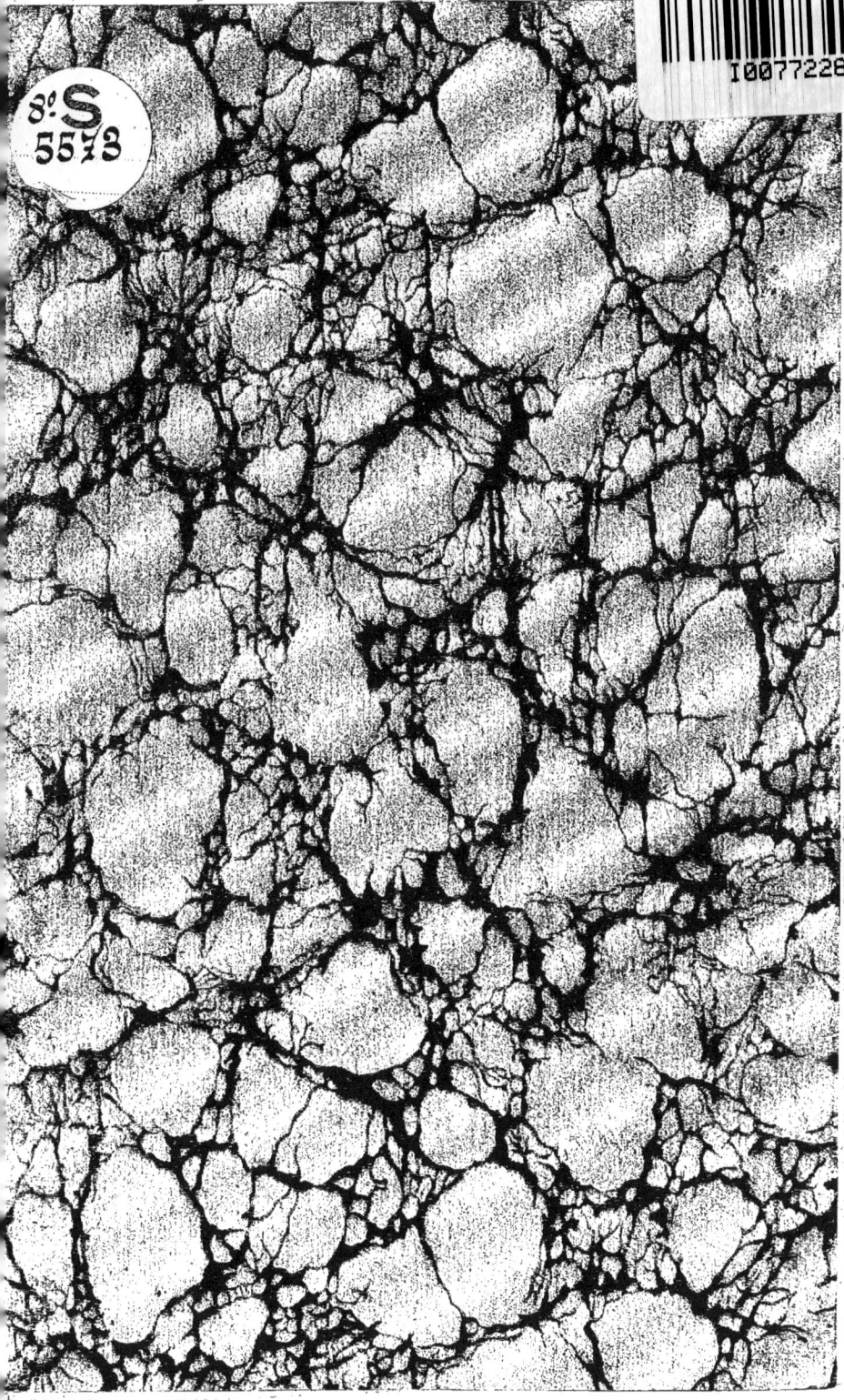

LUTTE POUR LE VIN.

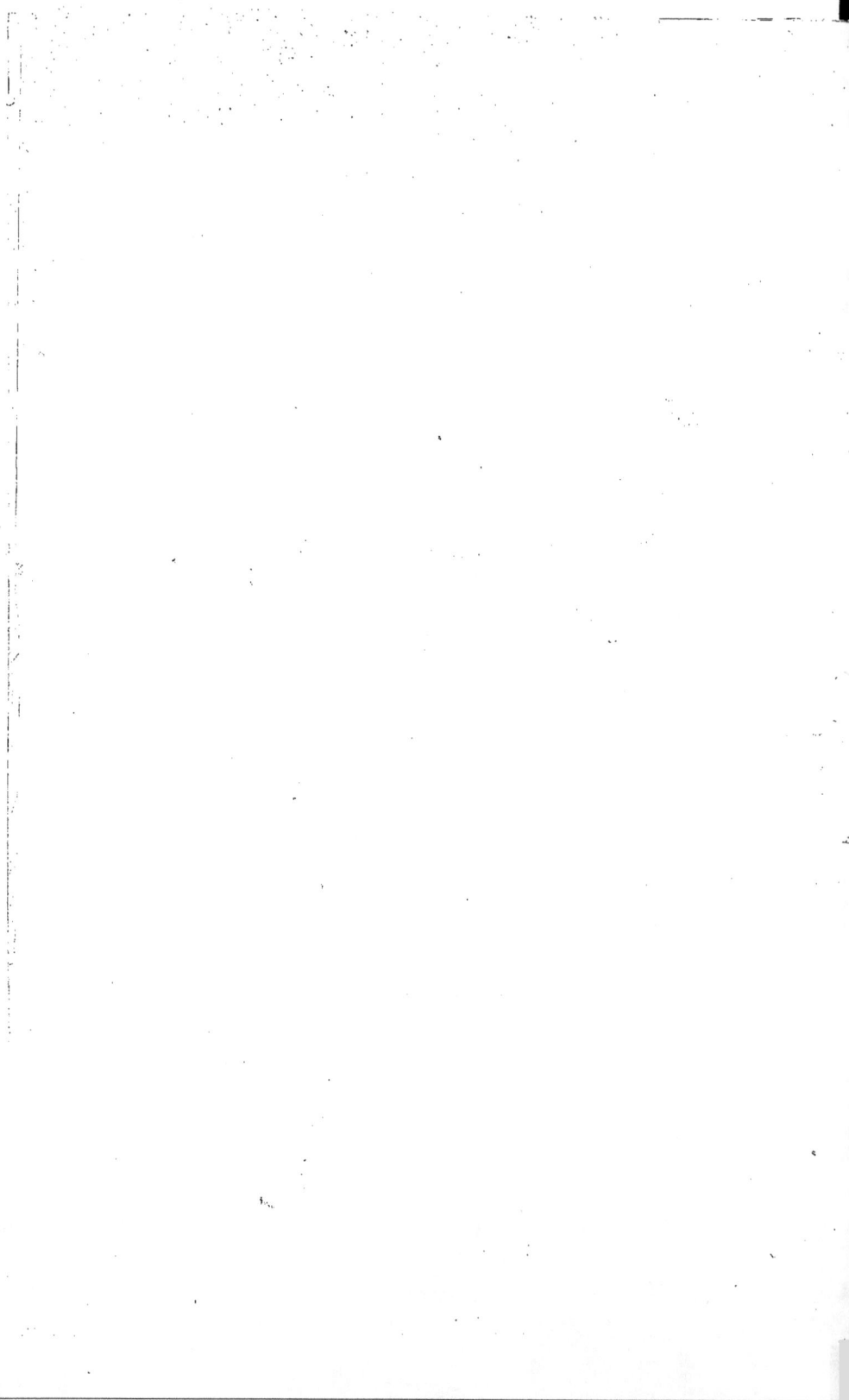

LUTTE POUR LE VIN

ÉTUDE

POUR LA

RECONSTITUTION DU VIGNOBLE

DANS LE

DÉPARTEMENT DE TARN-ET-GARONNE

MONTAUBAN,

IMPRIMERIE ET LITHOGRAPHIE ÉDOUARD FORESTIÉ

23, Rue du Vieux-Palais, 23.

—

1887.

LUTTE POUR LE VIN

ÉTUDE

POUR LA

RECONSTITUTION DU VIGNOBLE

DANS LE

DÉPARTEMENT DE TARN-ET-GARONNE

MONTAUBAN,

IMPRIMERIE ET LITHOGRAPHIE ÉDOUARD FORESTIÉ

23, Rue du Vieux-Palais, 23.

—

1887.

LÉGENDE.

Fig. 1 a. Greffon.　　　G G'. Coupe.

A B. Entaille.

B C D. Coupe triangulaire du prisme déplacé pour opérer l'assemblage.

Fig. 1 b. Sujet.　　　　G G'. Coupe.

I F. Entaille.

E D F. Coupe triangulaire du prisme déplacé pour opérer l'assemblage.

Fig. 3. Greffe exécutée.　A B F' E. Réunion en un parallélépipède des deux languettes ou prismes de bois, déplacés, et engagés un contre l'autre pour constituer l'assemblage.

Fig. 4　　　ʋ　　ʋ　　B O B. Ecorces adhérentes.

B B'. Entrée de la fente dans la coupe du sujet (projection).

C C'. Entrée de la fente dans la coupe du Greffon (projection).

C E C'. Ecorces adhérentes (projection).

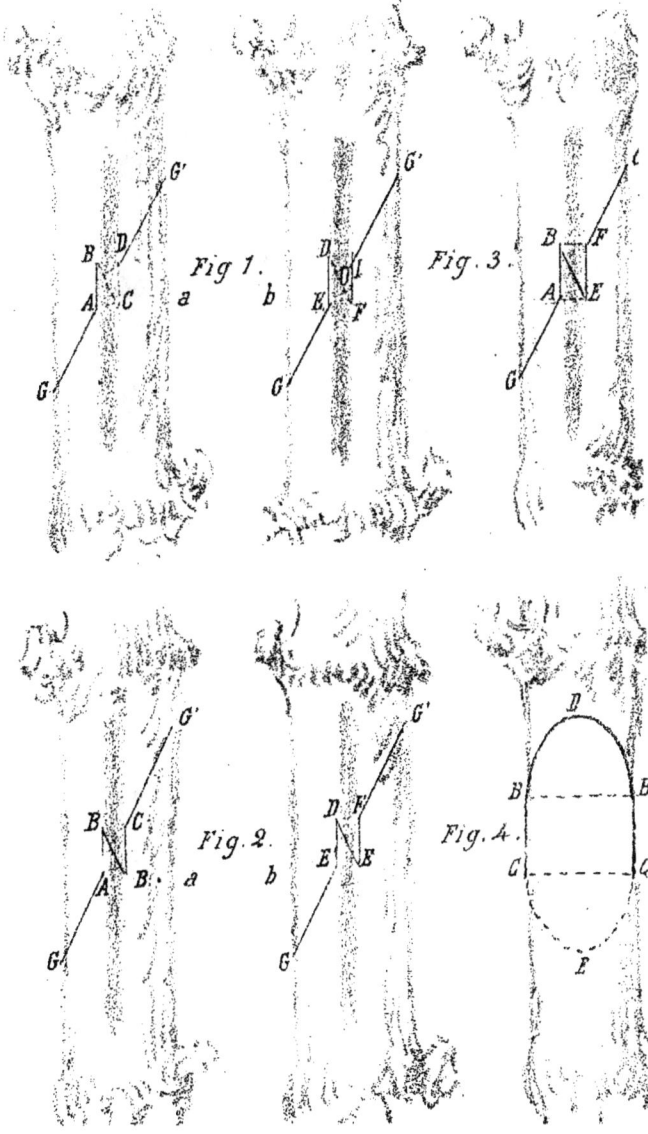

Fig 1.

Fig. 3.

Fig. 2.

Fig. 4.

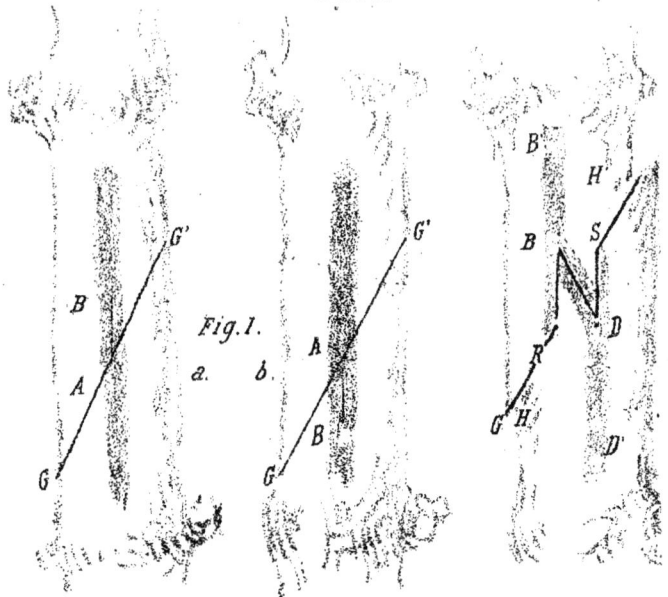

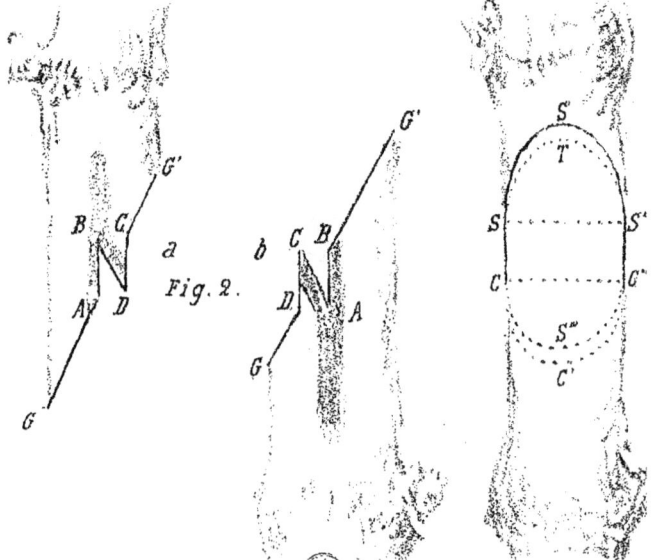

Pl. II

Fig. 1.

Fig. 2.

Pl. III.

Fig. 1.

Fig. 2.

Fig. 3.

Fig. 4.

Fig. 5.

Fig. 6.

LÉGENDE.

Fig. 1 *a*. Greffon.   G G'. Coupe.
                            A B. Fente.

Fig. 1 *b*. Sujet.   C G'. Coupe.
                            A B. Fente.

Fig. 2 *a*. Greffon.   C G'. Coupe.
                            A B. Fente.
                            B D C. Coupe du prisme préparé pour l'assemblage.

Fig. 3. Greffe exécutée. B B' DD'. Axe brisé des moelles.
                                G H. Saillie du greffon sur le sujet.
                                H' C'. Saillie du sujet sur le greffon.

Fig. 4. Greffe exécutée. 55' 5" T 5. Partie saillante du sujet hors de la greffe.
                                C C' C" S'" C. Partie saillante du greffon hors de la greffe exécutée.

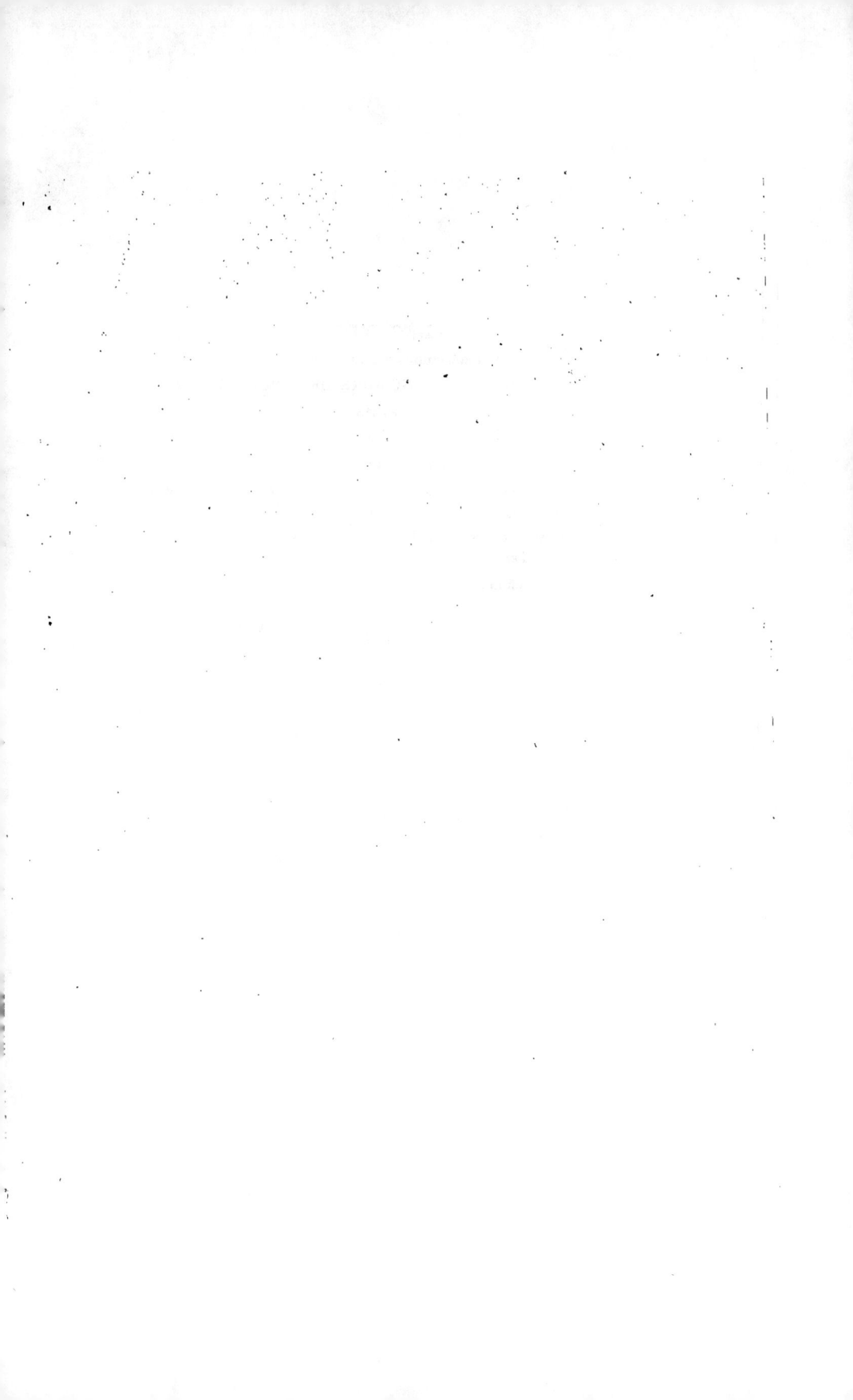

LÉGENDE.

Greffes aériennes à manchon de plomb.

NOM DES GREFFES	NOMBRE DES GREFFES.		BON
	FAITES.	RÉUNIES.	$^o\!/_o$.
Nº 1. Fente simple.	16	9	56
2. Demi navette.	15	7	45
3. De côte avec œil d'appel.	35	21	60
4. De côté sans œil d'appel.	15	4	26
5. Greffon avec épaulement.			
6 Fente avec épaulement.	16	8	50

LUTTE POUR LE VIN

Alors que le vignoble français vivait dans des conditions normales, la vigne donnait sa récolte moyenne, dont le vigneron se contentait : chacun buvait à sa soif.

Depuis que tous les fléaux se sont abattus sur l'utile et intéressant arbuste, il ne s'agit plus de boire en se croisant les bras : il faut travailler, sans défaillances, pour sauver le malade, et pour en obtenir non-seulement une récolte suffisante, mais, s'il est possible, l'indemnité des pertes causées par la cessation momentanée des produits.

Les conditions requises pour atteindre ce but sont très nombreuses; les unes échappent absolument à l'action du cultivateur : celles-là, il ne peut que les subir; d'autres sont modifiées utilement par l'emploi de remèdes que la science prescrit : pour ceux-ci, la tâche du vigneron se borne à appliquer le remède en suivant de son mieux la prescription; d'autres détails enfin consistent dans le choix des vignes, celui des formes et des soins culturaux : c'est là que le vigneron est chez lui.

On se préoccupait déjà de toutes ces choses au bon temps, alors qu'il s'agissait simplement de cultiver la vigne existante; en présence du mal, qui fait table rase, la question est entrée dans une période aiguë : il faut pourvoir à la reconstitution *hic* et *nunc*; être ou n'être pas, tel est le dilemme; ce n'est donc pas trop que tout le monde soit sur le pont.

Le nombre de questions que doit se poser le vigneron,
avant de mettre la main à la pâte, est grand; sur chacune
de ces questions il faut que la réponse arrive en temps
utile, c'est à dire sans nul retard; dire ici que du choc
des opinions jaillit la lumière serait par trop prétentieux :
cela se réserve pour les conjonctures politiques, dans lesquelles tout demeure grand et solennel : pour le détail
minutieux de *nostre* petit *mesnage* de la vigne, c'est assez
dire, avec le vigneron de Cadillac :

« *Mey debisen, mey s'abisen.* »

Il fait parler de lui, le vigneron de Cadillac: devisons
donc, suivant son avis; puis enfin, n'est-ce pas à l'humble
souris que le roi de la force dut sa délivrance.

Cépage, forme, éducation, sans compter le reste : elle
n'est pas mince la part du vigneron.

Rien dans le monde ne se soustrait à l'inéluctable loi :
naître, vivre, mourir.

Il semble que les choses unanimement reconnues bonnes devraient être perpétuées avec une sollicitude jalouse,
ainsi des crus en grand renom ; il n'en est rien, puisque
nous voyons, dans la suite des âges, naître, briller et
s'éteindre, paraître et disparaître des réputations vigneronnes, qui, pour un temps, concentrent sur elles tout
l'intérêt : Orléans, Suresnes... sans parler de Syracuse.

Par la manière dont les choses se passaient avant la
venue du phylloxéra, on peut juger comment les crûs se
fondaient, de quelle manière s'établissaient les réputations.

Un vigneron en tournée remarquait un cépage intéressant, il l'emportait chez lui. Un vigneron curieux deman-
dait à son correspondant de lui envoyer des plants choisis
de sa localité ; tous ces déplacements, quel qu'en fût le
mobile, constituaient un stock considérable d'appelés, parmi
lesquels surgissaient, de çà delà, quelques élus ; c'est-à-dire
en d'autres termes, que parmi les cépages déplacés, il y
en avait un certain nombre qui tombaient en un sol pour

lequel ils avaient des affinités particulières: là ils donnaient des produits supérieurs, et ils fondaient des réputations d'autant plus retentissantes, ils portaient d'autant plus loin l'éclat du nom que le sol leur convenait mieux. M. de Lapalisse n'y contredirait pas : ici, simple réputation de clocher; là, renommée nationale ; ailleurs, gloire universelle.

Il n'est pas impossible que certaines localités se soient vues soustraites aux nécessités de l'importation et qu'elles aient été favorisées par des circonstances particulières : des semis de hasard ou autres, ont dû ou pu créer sur place des variétés nouvelles méritantes, et celles-ci élaborées par les influences spéciales de milieu, peuvent, en vertu des lois de sélection et d'évolution, s'être constituées de telle sorte qu'une harmonie plus parfaite entre la plante et le milieu où elle vit, amène pour résultat des produits remarquables et précieux. Si le déplacement d'un cépage porte sur un sujet qui a pris naissance dans ces conditions, il n'est guère à espérer qu'on puisse obtenir de lui des produits supérieurs à ceux qu'il donne dans son lieu d'origine, pour lequel il a été tout spécialement fabriqué: cette variété ne peut que perdre à changer de table.

Mais si au contraire on enlève un végétal d'un lieu dans lequel il a été importé, ses produits seront modifiés avec avantage, si les milieux dans lesquels on l'implante ont plus d'analogie avec le sol dans lequel il est né, auquel il doit son tempérament et son caractère, qu'avec le sol d'où il est présentement extrait.

Le sol natal a ses vertus, peut-être plus actives que celles de l'air natal, et nous expatrions quelquefois bien plus un végétal en le transportant à cinquante mètres du point où il est qu'en lui faisant parcourir des centaines de kilomètres, cela peut se produire surtout dans les contrées montueuses, où la nature du sol varie beaucoup et d'une manière brusque. Ce sont là des considérations un peu abstraites relativement aux pratiques courantes (1). Cependant, on ne saurait en faire abstraction dans les conjonctures extrêmes que traverse la viticulture.

Les procédés du temps jadis dans lesquels le hasard jouait en général un rôle, soit que le semis intervînt, soit qu'il fût question de déplacement, ne sont plus à l'ordre du jour; nos procédés modernes paraissent vouloir diriger et même corriger la fortune, ce mot entendu en son sens honnête. Nous n'avons plus le loisir de laisser se parfaire, dans des incubations séculaires, la venue au monde, la croissance, l'apogée d'un cru : il faut marcher vite en évitant, si on peut, de se rompre le cou.

Dans le choix du cépage, le haut prix des vins est un piège contre lequel il faut rester en grande défiance; grossir la masse d'une récolte qui trouve preneur à bon prix est assurément une perspective très séduisante, mais le passé nous enseigne que là surtout les flots sont changeants; puis nous savons que c'est à ce jeu, d'introduire des cépages à gros rendement, que les crus perdent leur gloire et leur profit.

On plante des vignes sur toute la surface du globe, chaque nation semble prendre à tâche de se mettre en mesure d'abreuver le monde entier, si bien que, dans un mouvement d'humour bachique, un vigneron d'esprit a bien pu s'écrier : « Avant un quart de siècle il y aura « plus de vin que d'eau sur la surface de la terre. »

Nous avons à nous demander avant tout quel sera le rôle de la France au milieu de cet universel avilissement d'un produit qui constituait le plus beau fleuron de sa couronne : noblesse oblige, et du cataclysme que nous traversons, la réputation des vins de France doit sortir

---

(1) M. Ac. Dejardin, auteur d'une première étude (1880), sur le même sujet donne en ce moment dans le *Journal de l'Agriculture* un nouveau travail très remarquable qui va jeter le plus grand jour sur les questions d'adaptation, jusqu'ici plutôt entrevues qu'étudiées, malgré le nombre trop considérable déjà et toujours croissant des victimes du défaut d'adaptation.

pour le moins ce qu'elle était ; si l'honneur national ne
nous prescrivait pas de ne point nous laisser précipiter,
du moins en cela, l'intérêt commercial le plus élémentaire
nous en ferait un devoir. Dans le flot montant des vins,
ceux-là seuls peuvent conserver une valeur rémunératrice,
qui se distinguent par un cachet supérieur original : ce
cachet, notre sol le donne de diverses façons, c'est là
une mine précieuse que nous possédons par faveur spéciale,
et puisque une pléiade d'astres d'une pureté incontestée et
incontestable constellent notre sol, défendons-les, du bec
et des griffes ; ces diamants exquis de la couronne rurale,
nous, vignerons, ses gardiens, multiplions-les s'il se peut.....
ne les livrons pas.

L'effervescence humaine parvenue au paroxysme de
l'activité, exploite tous les éléments de richesse: il faut
faire fructifier les nôtres ou mourir, il faut que chaque
parcelle de notre sol donne la plus grande quantité possible du produit le meilleur possible. C'est le vrai droit
protecteur de l'avenir.

Tel est le but. Quels sont les moyens ?

D'abord, pour prendre le taureau par les cornes, est-il
vrai, lorsqu'il s'agit de vin, que la quantité et la qualité
soient inconciliables ? Oui et non.

On a observé en tous pays, que les arbres fruitiers vieux
donnent des produits d'un goût plus délicat, plus savou-
reux, plus parfumé; il semble que, chez eux, les forces
diminuées laissent les fonctions de la vie dans une sorte
de recueillement favorable à la perfection du fruit.

Bien que les lois en vertu desquelles la vigne végète
soient particulières, et bien qu'elles ne soient pas entière-
ment approfondies, il reste avéré que les vieilles souches
expirantes donnent aussi des fruits supérieurs, mais à
l'encontre des autres arbres que la pauvreté de sève prédispose à la fructification, c'est la vigueur de la plante
qui pousse la vigne à fructifier, pourvu qu'on laisse assez
d'organes fructifères, afin que la sève emmagasinée trouve

le nécessaire pour pouvoir se résoudre en fruit. Mais si, outrepassant une juste mesure, la vigne étant plantée dans un sol très riche, le vigneron la surexcite par des engrais exagérés, si la variété de vigne la prédispose elle-même à donner d'abondants produits, de toutes ces causes agissant dans la même direction il doit résulter que les parties aqueuses prédomineront, et si on a échappé à la coulure le résultat sera un énorme produit déséquilibré, dépourvu de ce qui constitue les bons vins.

Entre ces deux extrêmes il y a un point à saisir qui fournit pour chaque variété la quantité maximum qu'elle peut produire dans toute la perfection dont elle est susceptible ; on peut croire jusqu'à preuve contraire que pour obtenir un tel résultat, il faut amener la souche à donner des raisins de grosseur normale, muris sans précipitation comme sans lenteur, il faut cueillir ces raisins à maturité parfaite sans excès, et beaucoup d'autres petites choses que ce n'est pas ici le lieu d'énumérer ; ce qui précède suffit pour montrer qu'un produit abondant n'est pas inconciliable avec la perfection du produit ; même il se peut dire qu'une quantité suffisante et normale est nécessaire pour que la qualité atteigne à la perfection.

Ainsi rechercher les meilleures variétés en les choisissant dans des conditions où elles peuvent acquérir des qualités par leur déplacement, créer des variétés nouvelles, comme on s'applique beaucoup à le faire, sont de très bons moyens pour améliorer les produits ; si on ajoute une sélection sévère des variétés qui peuplent nos vignobles, pour élaguer celles qui furent introduites sans raison et pour conserver seulement celles dont l'expérience garantit les bons services : on aura fait tout ce que la prudence et nos maîtres les plus autorisés, d'accord avec elle, conseillent pour assurer la solide assiette du futur vignoble à créer. Les bons effets que doivent produire le choix des variétés et l'application sévère des diverses sélections, seront puissamment secondés par la forme donnée à la charpente des souches.

Forme des souches. — Pour un cépage donné, quel qu'il soit, le produit peut être amélioré ou avili par la forme donnée aux souches et par les procédés culturaux. La forme et la taille rationnelles du Médoc, telle que nous les décrit M. Cazenave, donnent plus et mieux que la taille à court bois, autrement dit taille fantaisiste réglée par l'avis plus ou moins raisonné et raisonnable du vigneron, ignorant ou expert ? La forme Cazenave donne plus et mieux que la forme en souche du Médoc ; enfin, la forme en chaintre donne plus que le cordon Cazenave. (*Lutte.* 1884. P. 60.) Est-ce à dire que la forme en chaintre doive être étudiée et adoptée à l'exclusion de toute autre ? A Dieu ne plaise que pareille hérésie soit admise : ce serait tirer une conclusion bien radicale et bien hâtive d'observations, d'essais déjà nombreux, il est vrai, et pleins de promesses, mais qui laissent encore place à des objections sérieuses ; ces objections méritent d'être écoutées, discutées ; elles sont réfutables, mais elles peuvent devenir fondées et même funestes à l'entreprise de l'établissement des chaintres, si on veut créer trop en grand : aussi le premier conseil que nous donne l'expérience est de n'essayer que sur un petit nombre de sujets. Les vignerons soigneux, qui ont élevé, par eux-mêmes, un petit nombre de chain-tres, ont réussi et réussiront à développer cette forme dans leurs cultures, ils la généraliseront à leur grand avantage ; le succès leur est assuré par deux raisons ; d'abord leur propre expérience les rendra aptes à diriger leurs ouvriers, puis, la réussite obtenue, donnera aux apprentis la con-fiance nécessaire pour mener à bien leur travail. Nul n'ignore où conduit un commandement vague et oscillant sur des opérateurs indociles et railleurs, alors même qu'ils ne sont pas malveillants ou hostiles. Cependant, cette façon de procéder par les infiniment petits n'est point de rigueur, on voit de vastes vignobles déjà en produit créés tout à coup, tout d'une pièce, en chaintres, comme par la baguette d'une fée ; près de Martel (Lot) cela existe dans des proportions et des conditions absolument remarquables. Mais, les personnes qui se sentiraient sollicitées par l'espoir d'obtenir des résultats analogues feront sagement de s'assurer au préalable qu'elles réunissent en elles toutes les conditions requises, de savoir, de volonté, d'expérience, de supériorité dans le commandement, qui doivent s'allier avec les connaissances techniques, pour faire évoluer correctement chaque chose et la conduire à son poste dans la position précise et à l'heure exacte; enfin de couvrir régulièrement et fructueusement en chaintres des kilomètres de surface.

Un viticulteur pratique et pratiquant disait naguère : « La forme en chaintres ne sera point adoptée, parce « qu'elle coûte trop de travail et trop de bois pour écha- « lasser; ce sera la taille des petits propriétaires qui dres- « sent des chaintres à leurs moments perdus et qui les « palissent sur des baguettes recueillies sans frais dans le « taillis voisin. » Oui, assurément, les chaintres trouve- ront leur application utile dans ce cas spécial ; il n'est pas sans analogie avec ce qui se passe pour la forme en jouelles isolées, dressées avec soin dans les plus petits héritages, sur des barres grosses ou petites, droites ou torses, roseaux, liteaux, le tout disparate mais judicieu- sement assemblé pour obtenir un résultat des plus avan- tageux; l'industrie bien avisée des tout petits cultivateurs, fait des miracles. La vue de ces petits tas de superbes rai- sins amoncelés réjouit le cœur du passant chez qui il évo- que un essaim de pensées souriantes; la petite cuve que le fardeau porté par ce rudimentaire treillage doit emplir et d'ou sortira une exquise et brillante liqueur digne d'a- breuver un monarque, même un chancelier, la fête du cueillir, celle du décuvage, la *tasto* du vin nouveau qui enlumine tous les minois du logis; il y a trop peu de vin pour en vendre, tant mieux, on le boira et le palais du vigneron le dégustera tout aussi bien que celui du grand seigneur. *Toutos bouquettos soun sourrétos*, disent nos bonnes vieilles femmes. La chaintre élargira tout cela sans le gâter, en dépit du proverbe maussade qui voudrait arrêter notre avancement sur la route du mieux.

Il est vrai, d'autre part, que si, en un domaine de médiocre étendue, le propriétaire donne ordre au métayer de créer un vignoble en chaintres, et si pour cela on livre à des ouvriers sans expérience des échalas de qualité médiocre, mal entretenus, déjà hors d'usage après deux campagnes bien ou mal fournies; il est vrai que dans ces conditions le produit ne saurait qu'à grand'peine couvrir les frais, si même il les couvre. Aussi jusqu'à ce que la méthode généralement adoptée, soit entrée, s'il se peut dire, dans nos mœurs vigneronnes, la chaintre ne sera pas la forme de la moyenne culture, à moins que, nouveau Brennus, le propriétaire rompe le charme en jetant son corps, son esprit, sa volonté dans la balance, en se faisant son premier ouvrier; il en est qui le font et on peut prévoir qu'ils auront des imitateurs. Si la viticulture devenait l'agent efficace pour permuter des citadins en ruraux, ce ne serait pas son moindre titre à la gratitude du pays.

Mais venons à la grande culture, plus fréquemment pratiquée pour la vigne, du moins en nos contrées, que pour d'autres produits, et admettons des conditions moyennes de sol, de grands espaces, toutes les sommes nécessaires, enfin, une organisation, ce mot dit tout. Que coûte à établir une souche en chaintres, ou plutôt la plantation et la culture d'une vigne en chaintres d'un hectare, et au préalable, quel développement convient-il de donner à chaque souche? Cette question se règle par la nature du sol et de la variété cultivée. Lorsqu'une variété de vigne à végétation puissante est plantée dans un sol riche, dont elle peut s'assimiler toutes les forces, l'espace donné à chaque souche doit être très grand. On cite des souches qui couvrent des espaces hors de toute propor-

tion avec ceux occupés par les plus grandes souches que
nous voyons dans nos pays; une souche couvrant, par
exemple, un are de terrain; le docteur Guyot parle de
plusieurs centaines de mètres couverts par une seule
souche. M. A. Dejardin cite un jacquez, dressé en treille,
autant dire en chaintre verticale, et qui, à sa septième
feuille, en 1886, a produit 448 grappes. Il n'est pas possible de fixer avec précision l'étendue de terrain qu'il faut
laisser à chaque souche dans ces conditions de fertilité
extrême; on peut croire que dans des alluvions riches et
profondes, par exemple, il ne serait pas impossible qu'en
Nohas, Othellos, Cots verts, etc., cent souches occupassent
convenablement un hectare; par contre, pour des sols mai-
gres, dans lesquels ne sauraient prospérer que des variétés
de vigueur moyenne, tout au plus, il ne servirait de rien
que les souches fussent très éloignées les unes des autres;
en aucune façon, il ne serait possible de leur faire occu-
per tout le sol, dont une part resterait fatalement impro-
ductive et dénudée. Ces conditions extrêmes, dans l'un
et l'autre sens, réclameront des mesures spéciales, qui
modifieront nécessairement le coût, comme tout le reste.
Pour une estimation de la dépense, il faut entendre qu'il
s'agit de conditions ordinaires, un sol argilo-calcaire, par
exemple, qui est le plus généralement réservé dans nos
contrées pour la culture de la vigne. Ce sol élève très
bien des cépages de moyenne et de bonne vigueur, herbe-
monts, cabernets, chasselas, yorks, etc...

Ces cépages y couvrent rapidement 12 mètres carrés;
plantés à 4 mètres dans le rang, par lignes distantes l'une
de l'autre de 3 mètres, cela répond à 800 souches pour un
hectare. Au début de la plantation les frais sont minimes;
4 échalas par souche, pour la première année ; 2 échalas,
pour la seconde année ; pour l'année d'après, 4 échalas ; à
partir de ce moment le nombre des échalas nécessaires va
croissant avec rapidité jusqu'à 30 par souche, soit 24,000
par hectare.

Echalas, disons-nous et non fourchine qui est le sup-
port traditionnel, peut-être un peu légendaire, car la fourchine est difficile à planter ; le maillet porte toujours à
faux sur sa tête bifurquée, d'où il résulte qu'on ne peut
régler exactement la hauteur du point de rencontre des
cornes, ni, par conséquent, maintenir les bras des souches
à la hauteur précise où il est indispensable qu'elles soient
maintenues, pour que la végétation reste équilibrée sur
toute la surface de la chaintre. Un échalas remplit au con-
trire toutes les conditions souhaitées, il est aisément piqué
au point voulu, il est rapidement entaillé par un trait
d'égohine pratiqué à la hauteur exacte où le lien, pris dans
le trait, maintiendra rigoureusement la branche.

Les échalas et leur mise en place constituent la dépense
capitale dans la forme en chaintre ; pour s'en rendre un
compte exact il faudrait obtenir dans la forme des souches
une parfaite régularité que ne comportent pas les travaux
de grande culture ; malgré que les instructions données
soient les mêmes ainsi que les modèles proposés en exemple, chaque ouvrier imprime à son travail un cachet per-
sonnel, puis les accidents surviennent, ils créent des
lacunes qu'il faut combler du mieux qu'on peut, mais toujours aux dépens de la régularité, de la symétrie des formes ; l'inconvénient de ces dissemblances est minime
puisqu'il n'influe en rien sur le bon fonctionnement et les
utiles services de chaque souche, mais il en résulte qu'on
ne peut relever avec rigueur le nombre des accessoires
nécessaires pour dresser chaque souche. Le relevé sur le
terrain peut accuser, comme il a été dit, une moyenne de
30 échalas par souche, soit 24,000 échalas pour les 800 souches qui constituent le peuplement d'un hectare ; le fait est
tel, mais à l'aspect des souches on éprouve la conviction que
l'usage et l'expérience doivent conduire à de sérieuses
économies.

Des échalas en bois de sapin injecté au sulfate de cuivre,
longs de 1 mètre, coûtent 30 fr. le mille, soit 720 fr., en

admettant six ans de service (ils servent plus longtemps),
cela fait une dépense de 120 fr. par an pour les échalas
d'un hectare ; leur mise en place et le dressage du pied
coûtent 260 fr., soit ensemble 380 fr., à quoi il faut
ajouter encore quelques dizaines de kilos d'écorces d'osiers.
C'est une grosse avance. Mais, pour être équitable envers
tout le monde, il faut dire que l'inexpérience impose au
travail une lenteur ruineuse, que l'habitude doit accélérer
beaucoup la besogne, et que déjà il s'est produit une
amélioration très sensible. Les vignerons, que ces chiffres
véritablement rébarbatifs peuvent effrayer, trouveront
dans les savants et excellents ouvrages de MM. Vias (1),
Barthélemy Colombier (2) et autres, des conseils très
utiles et des encouragements de nature à faire aborder
résolûment des essais qui ne sauraient trop être conseillés.
Le docteur Guyot parle de la chaintre sur un ton dithyram-
bique des plus séduisants, c'est une culture à étudier, son
adoption sera la conséquence de sa pratique à prix réduit.

La chaintre est la lointaine aïeule de toutes les formes
de souches connues. « On cultivait la vigne aux environs
« d'Alexandrie..... actuellement encore c'est sur les côtes
« de la mer que des vignes qui traînent sur le sable
« produisent des raisins de la plus excellente qualité. »
(*Economie publique et rurale des Egyptiens*, par Regnier.
Genève 1823, p. 338.

« La vigne est abandonnée à peu près à elle-même sur
« sur le sol en souche de 2 mètres de longueur environ,
« dont la tête, relevée à 0 m. 50 c. de terre, porte 7 à 10
« sarments taillés à long bois de 7 à 8 yeux. La fertilité
« est telle que l'on compte communément 40 à 50 grappes
« de beaux raisins par souche. » (*La viticulture et les
vins du Liban*. M. de Brévants, *Journal d'agriculture
pratique*, 10 septembre 1885, cités par M. A. Martegoutte,

(1) Vias, instituteur à Chinay par Montrichard (Loire-et-Cher).

(2) Barthélemy Colombier, régisseur à Aubières près Narbonne (Aude).

professeur d'économie rurale, président de la Société
d'agriculture de la Haute-Garonne).

Les souches qui couvrent et parent de leurs pampres
élégants et féconds les roches des côtes méridionales de
l'Europe que sont-elles, si non des chaintres, et toutes nos
treilles, et toutes les souches qui étanchaient la soif de
nos pères, avant que les Phocéens fussent venus enseigner
aux Marseillais la taille de la vigne, science dont nous
avons abusé jusqu'à réduire à l'état de rogaton rabougri et
difforme, le plus svelte et le plus élancé des végétaux, que
sont-elles : l'adoption des chaintres ne sera en définitive
qu'une réversion logique et légitime autant que salutaire.

Il n'est peut-être pas sans utilité de signaler ici le danger qu'il peut y avoir à confondre grande forme et long
bois ; grande forme s'applique à l'étendue considérable
donnée au vieux bois, que cette étendue soit appliquée
contre un mur, en espalier, dressée en cordons ou étendue
en chaintres sur le sol.

Les tailles à long bois et à court bois ne touchent que les
jeunes sarments dont les bourgeons vont produire du fruit,
dans l'année qui suit la taille, elles sont applicables, l'une
et l'autre, aussi bien aux grandes formes qu'aux petites, et,
quelle que soit la forme de la charpente, il faut employer
l'une ou l'autre taille, suivant le besoin de la variété, mais
non suivant la forme des souches. Des chaintres en Gamays,
Aramon, Grenache, etc., des cordons Cazenave, formés des
mêmes variétés, devront être taillés à court bois absolument
comme la souche la plus basse, la plus rabougrie, la plus
rez terre, les Cabernet, Pinot, Cot-vert, etc., devront être
taillés à long bois, sans tenir compte de la forme du cep ; la
forme en chaintre n'est donc pas exclusivement vouée à la
taille à long bois, comme le pourrait faire présumer l'emploi presque exclusif du Cot-vert, dans la région de
Chinay. Il est des cépages qui acceptent les deux tailles,
longue et courte, et, suivant le cas, une taille mixte : avec
eux le vigneron peut, sans inconvénient, satisfaire sa

fantaisie ; le docteur Guyot place le Chasselas dans cette
oatégorie, et l'expérience donne raison au docteur. Il faut
dire, puisqu'il est ici à la fois question de la chaintre et
du Chasselas, que les deux conjoints se montrent réciproquement très satisfaits l'un de l'autre.

Est-ce à dire qu'à l'usage aucune variété ne montrera
une affinité marquée pour telle ou telle forme particulière?
Affirmer cela serait proprement risquer de se voir démenti
par des souches; mais le principe reste vrai, et il peut être
appliqué avec confiance jusqu'à preuve d'exception.

Quelques mots sur deux reproches adressés aux chaintres : ces reproches semblent fondés, ils ne sont pourtant
que spécieux, car il est facile de conjurer ce qu'ils peuvent avoir de vrai.

En détournant la souche, afin de laisser la place libre
pour exécuter les labours, la tige maîtresse se fend quelquefois lorsqu'elle est très grosse: l'accident est grave, et,
si la souche n'en meurt pas, elle en peut être très malade.

La simple précaution de planter en quinconce conjure
ce danger. M. Bouges-Ricard, viticulteur distingué à Mon-
thon-sur-Cher, partisan éclairé de la chaintre, sans lui
être inféodé, signale ce danger et donne le moyen adopté
à Chinay pour l'éviter ; il consiste à dresser les chaintres
sous un angle aigu avec la ligne de plantation ; cela
permet de les amener dans le rang sans tordre le bois
dans des proportions dangereuses, cette pratique produit le
même effet que la plantation en quinconce. Le second grief
est plus ou moins sérieux suivant le pays ; lorsqu'il gèle
pendant que la neige couvre le sol, le bois des chaintres,
suspendu entre ciel et neige, gèle absolument. M. Bougès-
Ricard rend compte d'une catastrophe de ce genre survenue
en 1880 dans la région de Chinay, et qui laissa le vignoble
ruiné pour plusieurs années; en même temps qu'il signale le
danger, M. Bouges-Ricard indique le remède préventif.

Pour former la chaintre, il faut, au lieu de redresser le
col de vigne, appliquer le sarment sur le sol. La forme re-

levée laisse sous la neige une portion de la partie verticale
du tronc et toute la ramure qui traîne sur lesol, mais elle
porte au-dessus de la neige la courbure du col qui gèle et
sépare ainsi l'un de l'autre la tête et le pied de la souche;
il faut alors recéper le pied et refaire la chaintre, c'est le
cas de suivre le conseil de M. Bouges-Ricard et d'imiter
l'exemple des vignerons de Chinay, c'est-à-dire d'appliquer rigoureusement la chaintre sur le sol ; ainsi placée,
la plus légère couche de neige l'ensevelira complètement ,
relevée au printemps, suivant les inclinaisons voulues,
elle donnera sa récolte, puis elle sera remise à plat pour
traverser sans péril la saison des frimas. Conduite de cette
façon, la chaintre cesse d'être la forme la plus sensible au froid pour devenir la forme la moins exposée aux
gelées, la plus rustique et la plus invulnérable.

En regard de ce que coûte l'établissement et la culture
de la chaintre en plus de ce que coûtent des cultures en
souche sans soutien, il n'est pas sans intérêt de placer ce
que coûte l'établissement des cordons Cazenave, dans des
conditions identiques de localité, de sol, de main-d'œuvre.

Un hectare, divisé en cinquante bandes de deux mètres
de large séparées par quarante-neuf lignes de cordons de
cent mètres l'un, réduits à quatre-vingt-dix mètres par
deux passages ménagés, un à chaque extrémité : tel est le
type d'un hectare de vigne complanté en cordon Cazenave ;
dans nos pays, un prunier planté à chaque bout de ligne
protège la culée, se marie bien à la vigne et pare la
plantation.

Chaque ligne, pour être dressée à raison d'un pieu
chaque cinq mètres, absorbe 19 pieux, 2 contre-fiches,
2 arcs-boutants. Ensemble 21 pieux.

Pour 49 lignes, 1,029 pieux, à 60 fr. le cent,	617 Fr.
Pose des pieux,	85
Fil de fer, n° 14, 400 k. à 50 fr.,	240
Pose du fil,	90
	1032

Les pieux ont 2 mètres 10 de longueur, 7 à 8 centimètres de diamètre, ils servent pendant dix ans et plus ; la durée du fil de fer est, pour ainsi dire, sans limite ; on peut donc compter pour l'établissement du cordon une dépense de 103 francs par an ; cela n'est guère comparable aux 380 francs de la chaintre. Mais il faut noter qu'il y a peu d'espoir de réduire la dépense entraînée par le cordon, il se peut même que les grands poteaux viennent à augmenter de prix à proportion de la demande ; pour la chaintre, la dépense ne peut que diminuer, elle sera même réduite à rien dans les sols pierreux où l'on peut tout abandonner sur le sol, puisque celui-ci, par sa nature, soustrait la récolte aux inconvénients des pluies et de la pourriture qu'elles peuvent entraîner. Entre les deux extrêmes, 380 francs et rien, il y a de la marge, la dépense causée par la chaintre doit, en effet, varier beaucoup sous la double influence des conditions locales et de la puissance d'organisation. Ce qui ne varie pas avec la chaintre, c'est la supériorité des produits.

Il n'est guère possible de laisser ce sujet sans voir où en sont les questions de greffage en ce qui concerne les grandes formes ; nous toucherons ce point.

Mais au cours de cette étude on a vu que non loin de Martel (Lot), il a été créé un vignoble remarquable par son étendue, par le choix des cépages et par la forme donnée aux souches. A des demandes de renseignements sur ses travaux de viticulture au château de Plumegal, c'est le nom du domaine où le vignoble est établi, M. le vicomte de Ferron, capitaine de frégate de réserve, répond avec une bienveillance si parfaite, et une si généreuse abondance de faits, tous, du plus vif intérêt, que, priver les vignerons de la lecture de cette lettre, serait un crime de lèse-viticulture : Voici donc cette lettre, nous reviendrons ensuite à nos sarments. :

La Vairie, près Dinan, le 10 juin 1887.

Monsieur,

Votre lettre m'a été renvoyée en Bretagne, où je passe l'été chez mon père.

Je ne tiens pas du tout à garder le secret sur mes plantations en chaintres ni sur rien de ce que je fais. Si je réussis ce sera un exemple, si j'ai des échecs il est bon également qu'ils soient connus. Je voudrais que ma communication fût de quelque intérêt; malheureusement les plantations sont si jeunes encore, que je ne puis m'appuyer sur la consécration du temps.

J'ai en ce moment 25 hectares plantés en Herbemont en chaintres, 3 hectares plantés en Herbemont sur espalier de fil de fer. Le reste de mon vignoble est planté en Othello, Jacquez et plants greffés.

Les Herbemont les plus anciennement plantés sont à la 5e feuille, mais comme c'était une plantation d'essai, je n'ai planté que 50 ares de ce cépage; l'année suivante, j'ai planté 3 hectares, qui ont maintenant leur 4e feuille; 12 hectares sont à leur 3e feuille, et le reste à leur 2e.

Le terrain est argilo-silico-calcaire rouge, sur roche calcaire fendillée; dans une partie, on trouve des cailloux roulés, dans d'autres des calcaires brisés en petits morceaux comme un macadam de route. J'ai défoncé à 45 ou 50 centimètres toutes les fois que la terre avait cette profondeur : c'est du reste le cas le plus général; 3 hectares ont été plantés sur de la roche calcaire fendillée presque nue, et le tiers des trous faits à la mine. Cette vigne a sa 3e feuille et promet d'être très vigoureuse néanmoins.

Les Herbemont paraissent le cépage de beaucoup le meilleur pour ma région; ils poussent merveilleusement comme bois et se chargent de fruits avec la taille longue. Mes vignes palissées sont plantées à 2 mètres sur 2 mètres, et je suis gêné par les bois, malgré que les échalas soient 5 pieds hors de terre.

En chaintres, au contraire, on devient bien plus maître

3

de la vigueur du cépage : j'ai planté les pieds à 2 mètres dans le rang et les rangs à 4 mètres sur une partie et 5 mètres sur l'autre partie de mon vignoble. J'ai adopté la taille à deux bras de chissay, que je ne trouve pas difficile à faire en plaine ou sur des coteaux peu inclinés ; quand le terrain s'oppose à la taille à deux bras, j'emploie la chaintre en arête de poisson. Pour les deux bras, il faut que la fourche soit à quelques centimètres en terre, et pour cela il faut planter de façon que le haut du plant soit à fleur de terre; j'ai employé autant que possible des plants courts ; quand les plants étaient longs, je couchais. Quelques-uns ont, malgré cela, poussé une seule tige longue, que la taille modifiait en refoulant la sève. Les deux premières années je mets des échalas pour que la sève monte mieux, je les supprime à la 3e feuille.

Je ne puis donner encore d'une façon formelle la production de l'Herbemont en chaintres, car mes vignes n'ont pas encore complètement couvert le terrain ; mais j'estime qu'elle sera supérieure d'un bon tiers à celle des Herbemont sur espalier, et que j'arriverai à une production moyenne de 60 à 70 hectolitres à l'hectare.

Jusqu'ici, j'ai fumé à l'engrais chimique ; au début je ne fumais que les rangées, et à 3 ans, tout le terrain : 1,000 kilos d'engrais à la formule suivante : azote nitrique, 3 0|0; — acide phosphorique, 9 0|0; — potasse, 8 0|0. Je vais employer aussi les engrais verts, que je complèterai par des engrais chimiques.

Dans mes terres, la chaintre se comporte d'autant mieux, qu'il y a moins d'herbes. Le grand écueil des chaintres ce sont les terrains herbeux. Dans ce genre de terrain, il faut proscrire la taille en chaintre ; au contraire, dans les terres du Causse, où l'herbe ne pousse pas, la chaintre est excellente. Pour beaucoup d'endroits même je supprime les fourchines. Le terrain est tellement recouvert de petites pierres, que les raisins y sont fort bien. Il y a à prendre bien garde, si on dérange les chaintres pour donner une

façon quand les raisins sont déjà gros, de les faire griller.
Sur mes terres caillouteuses, si on opérait par un grand
soleil, on aurait certainement des accidents en replaçant
les bras des chaintres sur des cailloux chauffés depuis
longtemps par le soleil.

Le vin d'Herbemont que j'ai récolté est fin de goût :
aucun arrière-goût américain; il a la couleur du Bordeaux;
quand les vignes seront plus âgées il sera certainement
plus coloré.

En résumé, je crois l'Herbemont appelé à devenir le
cépage très dominant dans le pays; il y mûrit bien dans
les bonnes expositions; il produit beaucoup d'un bon
vin de table, il n'a aucune maladie cryptogamique. On
m'a cependant écrit de la Dordogne que quelques vignes
en chaintres d'Herbemont, dans un terrain un peu herbeux,
avaient légèrement le mildiou; je n'ai pas vu cela chez
moi qui ai des terres très séches.

Mes renseignements sont assez confus, assez mal ordon-
nés, et mes résultats pas assez concluants pour que vous
en tiriez grand fruit, mais je serais heureux de pouvoir vous être agréable toutes les fois que j'en trouverai
l'occasion, et je vous prie d'user de moi lorsque vous
le jugerez bon. Cette fois, c'est moi qui vous remer-
cie de la bonne opinion que vous avez de mon vignoble et
des résultats de mes efforts. J'ai beaucoup travaillé cette
question depuis que j'ai quitté les cuirassés, les torpilles
et les canons; mais j'avais tout à apprendre.

Quand j'ai quitté Plumegal, il y a 15 jours, mes pépiniè-
res s'annonçaient fort belles et la réussite bien grande;
mon régisseur m'a écrit que les pousses continuaient à
bien se soutenir. Je peux donc avoir 300 à 400,000 racinés
d'Herbemont pour la vente à l'automne.

Veuillez agréer,

Signé : Vicomte René de FERRON.

Bien à regret nous prenons congé de notre aimable
correspondant, pour revenir à notre détail.

« *Greffe* Ce n'est pas sans cause que la science d'enter
« ravit l'entendement humain. » N'est-ce point notre Olivier
de Serres qui a dit cela ; il doit avoir raison, car la liste
des greffeurs est longue depuis Saturne ? Ce qu'il y a de
singulier, c'est que dans cette interminable théorie qui
part du père de la greffe pour aboutir à Cadillac, à Brignais, à Carpentras et autres lieux, nous ne voyons guère
que des néophytes emportés par leur zèle débordant qui
s'aventurent à donner des explications du *il come* et *il
perche*, comme disent les Italiens.

Lorsqu'on a étudié et pratiqué de près la greffe, la première chose dont on reste assuré, c'est que si on peut bien
l'exécuter, on ne l'expliquera pas plus en viticulture qu'en
arboriculture en général, et là comme ailleurs semble s'appliquer la drolatique définition de Voltaire, et aussi celle
des chats gris. Résignons-nous donc, choisissons ce qui
réussit bien, pour l'exécuter avec tout le soin dont nous
sommes susceptibles ; réjouissons-nous du succès lorsqu'il
se montre, et, pour ce qui est de la façon dont la chose
arrive. n'en ayons cure, jusqu'à ce que quelque savant
aimé des dieux, nous ouvre cette page encore close : phy-
siologie végétale de la vigne.

Or, même en se tenant dans la simple pratique usuelle,
sommes-nous certains de tout comprendre, lorsque nous
exécutons une greffe anglaise à double fente par exemple ;
où fendons-nous le bois : au centre, sur le côté, est-ce
la même chose ?

Greffer, c'est juxtaposer deux végétaux ou fragments de
végétaux dans des conditions telles qu'ils se soudent l'un
à l'autre et continuent de vivre en associant leurs moyens
d'existence. Parmi les procédés de greffage qui semblent
avoir réuni jusqu'ici le plus d'adhérents pour unir ensemble les vignes du vieux monde et celles du nouveau, la
greffe en fente anglaise semble avoir pris la corde ; la gar-
dera-t-elle en présence de la greffe de côté ? la rivale, si
elle ne remporte pas la victoire, est au moins de taille à

prolonger beaucoup le combat ; peut-être les deux greffes
se partageront-elles bénévolement la besogne pour la faire
au mieux, suivant les circonstances diverses, car ayant
des propriétés différentes qui leur sont propres, elles peuvent l'une et l'autre avoir la supériorité dans des cas diffé-
rents.

Bien des centaines, bien des milliers d'opérateurs, peut-
être, ont fabriqué chacun des milliers de greffes anglaises
à double fente sans se rendre bien clarement compte de
l'opération ; ouvrez le traité de tel maître, vous voyez
l'entaille en pleine moelle ; ouvrez un autre ouvrage, la
fente est dans l'aubier ; un troisième donne des images
qui ne précisent rien. Laissons-là les livres et prenons un
sarment, ce sera plus clair, choisissons un bois de joli
volume et bien tourné ; un Clinton de dix millièmes,
par exemple, ou mieux un Cunningham de quinze millièges-
mes, à belle peau, bien lisse et comme vernissée ; un peu
de luxe ne messied pas, cela aiguise l'intérêt et l'application ; surtout que le bois soit fraîchement cueilli ; voilà
votre sujet. Comme greffon prenez, si vous voulez, un
sarment de cot vert, cette variété doit vous fournir des
calibres assortis à ceux de aos sujets.

Tranchez net votre sarment, sous un angle tel que la
section mesure en longueur deux à trois fois le diamètre
du bois G G' pl. 1. fig. 1 b ; pratiquez la fente à un milli-
mètre environ de la moelle I F pl. I fig. 1 b. vers l'extrémité de la section et prolongez cette entaille jusqu'en
face de l'autre extrémité de la moelle sur la coupe E pl. 1
fig. 1 b ; assurez-vous que la coupe est régulière, que sa
ligne d'entrée à la surface de la coupe I et sa ligne extrême au fonds de l'entaille F sont à la fois bien parallè-
les une à l'autre et bien perpendiculaires à la direction des
fibres du bois. La portion de bois ainsi séparée consti-
tuera un prisme triangulaire E F I pl. I fig. 1 b. ; avant
d'enlever l'outil de la fente qu'il vient de pratiquer, faites
qu'il bascule sur son tranchant F de façon à déplacer le

sommet I du triangle ou pour mieux dire l'arête libre du
prisme: les fibres du bois glisseront les unes sur les autres
et en insistant vous amènerez le prisme à prendre et à
conserver une position telle que sa base E F étant demeurée stable, la paroi qui formait la face inclinée de la
coupe E I prendra la position E D parallèle aux fibres du
bois, tandis que la face F I du prisme constituée par la
fente qui était parallèle aux fibres aura pris une position
inclinée F D symétrique à la coupe qu'elle traverse par
son milieu O, étant elle-même coupée en son milieu O par
le plan de la coupé; tout se passə là symétriquement.

Traitez de même le greffon pl. I, fig. 1. a.; l'entaille
faite en A B, l'outil pivotant autour du point B, amène le
prisme dans la position B C D; la section du greffon
ainsi traitée donnera pour profil de coupe une ligne
brisée G A B B' C G', pl. I, fig. 2 a, identique à la ligne
brisée de la section du sujet G E' D E F G', pl. I, fig. 2 b.:
ces lignes présentées, une à l'autre, doivent adhérer
parfaitement; pourvu que l'opération ait été bien conduite,
les deux prismes s'ajusteront dans les deux entailles;
les quatre fragments de coupes G A. C G' du greffon,
G E'. F G' du sujet, demeurés intacts, se superposeront,
les écorces coïncideront et l'assemblage sera parfait, ou
du moins il paraîtra tel; il ne faut pas perdre de vue que
dans le dressement des prismes, le glissement des fibres
du bois a réduit la largeur de la face provenant de la
surface des coupes. Il n'y a du reste rien de régulier dans
la structure des bois: si nous parlons d'adhérences parfaites,
c'est donc au point de vue du but poursuivi et non au
point de vue absolu mathématique. L'œil est pleinement
satisfait et, ce qu'il y a de certain, c'est que tout s'est
passé dans le parallélogramme, dont nous voyons la coupe
A B F' E, pl. I, fig. 3, parallélogramme constitué par les
deux prismes accouplés; tout le reste des bois, sections,
écorces n'ont subi ni dislocations ni ébranlements aucuns.

Pl. I, fig. 4, donne un trait de la juxtaposition des écorces B D B' dans la greffe finie ; et en projection B B' la ligne de pénétration de l'entaille dans le sujet ; C C' la ligne de pénétration de l'entaille dans le greffon ; C E C' le contact des écorces du côté opposé à B D B' ; les figures 3 et 4, pl. I, s'expliquent une par l'autre ; le point D, fig. 4, correspond à G', fig. 3 ; B B', fig. 4, correspond à F', fig. 3 ; C C', fig. 4, à A, fig. 3 ; E, fig. 4, à G, fig. 3.

Que si l'entaille est pratiquée au milieu du bois, les choses se passent tout autrement : prenez deux sarments pareils à ceux déjà opérés, taillez-les de même façon que vous avez fait pour les premiers, afin que les coupes se superposent exactement l'une sur l'autre ; entaillez les deux sarments juste à mi-coupe, en pleine moelle dans l'axe du bois ; faites pivoter l'outil sur son tranchant pour amener, aussi bien dans le sujet que dans le greffon, la portion de surface de la coupe qui devient une face de prisme, à prendre et à conserver la position verticale ; soit pour le sujet, inclinez la coupe A B de façon que B D pl. II fig. 2 b pivotant autour du point D, prenne la position verticale D C ; pour le greffon pl. II fig. 2 a, inclinez la coupe A. B. de manière à ce que C A. pivote autour du point C pour prendre la position verticale C D.

Les prismes B D C pl. II fig. 2 a. et A C D fig. 2 b. s'emboîteront l'un contre l'autre tout aussi bien que ceux produits par les entailles tangentes à la moelle, mais là finit la similitude ; en effet, lorsque dans le sujet pl. II fig. 2 b, vous avez fait pivoter l'outil depuis la position A B jusqu'à la position A C, le côté A D du prisme n'a pas été ébranlé, par conséquent la portion de coupe non déplacée D G n'est plus que moitié B G de la coupe totale, diminuée de la partie D B relevée suivant D C ; tandis que B G', l'autre moitié de la coupe, reste entière, conservant toute sa longueur.

De même dans le greffon pl. II, fig. 2 a, lorsque vous amenez la fente B A dans la position B D, le côté B C du

triangle section n'est pas déplacé, mais la partie C G', qui
demeure intacte de la demi-longueur de section A G', n'est
plus que cette demie, réduite de la portion A C, relevée
suivant C D, alors que la demi-portion opposée A G demeure entière. Les choses se passent donc symétriquement entre sujet et greffon, mais s'il se peut dire en
symétrie renversée, et lorsque les surfaces des coupes
seront mises en présence, les prismes bien emboités : la
demi-longueur de coupe du greffon G R, pl. II, fig. 3, ne
saurait être couverte par le reliquat de section H R du
sujet, pas plus que la demi-section du sujet S G' ne sera
couverte par le reliquat de section S H' du sujet. Les parties H G, H' G', tant du sujet que du greffon, resteront en
saillie. Cet inconvénient peut être pallié, ou pour mieux
dire dissimulé par contrainte, mais jamais la concordance
normale des couches qui se correspondent dans les deux
végétaux ne sera obtenue, et cette concordance est la plus
nécessaire des conditions pour obtenir une parfaite soudure.

Par la fig. 4, pl. II, on peut juger de ces dispositions
incohérentes. S S' S" est l'extrémité du sujet dépassant le
bois du greffon; S', fig. 4, correspond à G', fig. 3. ⌒ S T S"
projection est la rencontre de la coupe du sujet avec la
courbe qui termine le bois du greffon, T correspond à H';
⌒ S S" projection, entrée de l'entaille du sujet dans la
coupe, correspond au point S, fig. 3. ⌒ G G", entrée de
l'entaille du greffon dans la coupe, correspond au point R,
fig. 3. ⌒ G S"' G", rencontre de la courbe limite du sujet
avec la coupe du greffon; S"' correspond à H, fig. 3;
⌒ G G' G", courbe limite de la coupe du greffon G', fig. 4,
correspond à G, fig. 3. L'état se trouvant tel, les adhérences
et contacts, ou plutôt leur simulacre, ne peuvent être
obtenus que par le décrochement des languettes, des tor-
sions, des arcures et des dislocations sans fin, le tout,
pratiques peu en usage, dont l'efficacité pour la réussite
des greffes reste à démontrer.

Est-il nécessaire d'appeler l'attention sur ce fait, que les explications données pour la greffe, effectuée avec des entailles tangentes à la moelle, I, pl. I, fig. 1 b, s'appliquent à l'entaille pratiquée sur tout autre point de la section; le point I a été adopté à cause de sa situation moyenne, qu[i] rend tout plus apparent et plus clair, mais les choses doivent se passer toujours de même où que soit porté ce point par où l'entaille pénètre dans le sujet, pourvu que le point A pl. I, fig. 1 a, par où l'entaille pénètre dans le greffon, soit symétrique du point I pl. I, fig. 1 b; seulement, plus ces points s'approchent des extrémités des coupes, plus les languettes deviennent épaisses et peu flexibles, c'est pourquoi l'avis de M. Prades, qui conseille de réduire la languette au stricte nécessaire pour assurer la parfaite solidité des assemblages, est maintenant adopté, d'une façon à peu près générale, mais on doit se garder de porter la fente jusqu'au centre du sujet, parce que le point symétrique devient alors le centre du greffon et cela fait tomber dans l'écueil dénoncé ci-dessus.

Tant que le point I, pl. I, fig. 1 b, reste en dehors de l'axe, le point A fig. 1 a, qui lui est symétrique, y reste aussi : alors le prisme E I F fig. 1 b, se porte à gauche E D F, tandis que le prisme B A D fig. 1 a, se porte à droite B C D; le mouvement des deux prismes se fait dans le sens de l'un vers l'autre, et il se produit ainsi un rachat ou une compensation, d'où résulte que l'axe du sujet ne cesse pas de correspondre à celui du greffon, et leur ensemble constitue l'axe de la greffe exécutée. Pl. I fig. 3.

Pour la fente au milieu du bois, l'évolution de chacun des deux prismes entraînera moitié de la moelle, pl. II, fig. 3 et au moment de la jonction, les deux axes du greffon et du sujet dévoyés l'un et l'autre B' B, D D' donneront à la greffe un axe brisé; moitié de la moelle du sujet ira se buter contre le bois du greffon et réciproquement moitié de la moelle du greffon ira se buter contre le bois du sujet. Le désordre est complet et s'appliquer à entailler dans

4

l'axe, serait proprement s'appliquer à multiplier les chances d'insuccès.

Ici l'écrivain contrit éprouve l'irrésistible désir de faire amende honorable au lecteur, touchant l'ennui et l'aridité de cet essai d'explication qu'on vient de lire? La greffe dont il s'agit était accusée de torturer les bois et d'être pratiquée sans qu'il fût possible de comprendre comment la chose se faisait; s'il a démontré que l'incriminée est la plus naïve des greffes, qu'elle ne déplace pas, étant bien faite, plus gros de bois, que le volume d'un grain de blé, que tout le reste des bois demeure immuable et fournit, sans qu'il soit nécessaire d'exercer nul effort ou contrainte, les contacts et adhérences les plus absolument irréprochables que l'on puisse souhaiter; s'il a démontré cela, l'écrivain espère obtenir absolution.

La *greffe de Cadillac* nous a été donnée par des maîtres. Glaner dans un champ qu'ont moissonné Mme la duchesse de Fitz-James, le docteur Cazalis, M. Cazal-Cazalet, etc., serait s'exposer à une disette extrême, n'était que les moissonneurs sont de la race de Booz: leur gerbe est grande et si grande leur magnanimité, qu'on peut picorer chez eux sans crainte du brigadier.

La greffe de Cadillac s'impose à l'heure présente, sinon à la pratique générale, du moins à l'étude et à la discussion; cette greffe a donné jusqu'à 100 0|0 de réussites, les rivales heureuses sont et resteront rares à ce compte, mais n'oublions pas que M. Dezéimeris a dit dans une communication au Comité de vigilance de la Gironde: « Ce « système est certainement appelé à rendre *dans notre* « contrée les plus grands services. »

La jeune souche ayant végété en place un ou deux ans, est fendue un peu au-dessous du niveau du sol par une coupe droite inclinée de telle sorte que sa longueur soit de une et demie à deux fois le diamètre du greffon; cette fente ne doit pas atteindre jusqu'à la moelle du sujet; un greffon, bois de l'année, bien aoûté, taillé en coin de même longueur que l'entaille et portant deux yeux, est posé dans l'entrebaillement du sujet, on lie avec de la raphia, on enveloppe d'une bande de plomb maintenue par un second lien de raphia; comme pour toutes les greffes d'automne à œil dormant, l'opération doit être pratiquée lorsqu'une pluie est venue lancer la sève d'août ; il faut butter jusqu'au-dessus du greffon avec du sable humide si on opère en un lieu et à une exposition sujets à la sécheresse; si la terre est meuble et fraîche on peut s'en servir pour butter ; au printemps les bourgeons de la souche doivent être pincés pour favoriser l'évolution des bourgeons du greffon qui ont sommeillé jusque-là ; au mois d'août suivant, la vieille souche est démontée au-dessus de la greffe pour laisser celle-ci reconstituer la nouvelle tête de la souche ; il faut visiter avec zèle les soudures pour enlever scrupuleusement toutes les racines que peut émettre le greffon ; enfin, s'il en faut croire une lettre donnée par la *Vigne Américaine*, n° d'octobre 1884, l'initiateur, à Cadillac, de la greffe boisée de côté M. Ballan, arroserait ses souches six à dix jours après les avoir greffées ? si c'est là un secours indispensable, il va réduire considérablement la zone dans laquelle doit être employée la greffe en question ; sable humide, arrosages, c'est le cas de ne point oublier le mot limitatif de M. Desemeris, *dans notre contrée*, et si d'aventure on n'a que peu ou point d'eau, et si les sables sont épouvantablement calcaires, comme il arrive dans beaucoup de localités montueuses , il y a peu à espérer de la greffe Cadillac, et elle ne devra être abordée qu'avec réserve.

Mᵐᵉ la duchesse de Fitz-James, avec l'imperturbable logique qu'elle apporte dans les questions viticoles, assigne sans tarder un emploi fort honorable à la greffe Cadillac; greffer toutes les souches déjà greffées ou non, qui souffrent par suite d'une mauvaise adaptation, en employant des greffons de producteurs directs dont la bonne adaptation pour le sol dans lequel on opère soit

affirmée par l'expérience : la vieille souche continuera
ses productions de récoltes pendant que le greffon se de-
veloppera en une nouvelle souche ; lorsque cette rempla-
çante sera de taille à fructifier suffisamment, la vieille
souche sera ravalée sur la greffe, et sans perte de récolte,
le vigneron aura substitué un vignoble bien adapté, pro-
ductif, durablé, à un vignoble expirant.

Les choses se passeront-elles toujours rigoureusement
ainsi dans la pratique ? Oui, sans doute, là où la greffe de
Cadillac est d'un bon usage; en tout cas, il n'est pas possible d'en douter lorsqu'on est pris dans le charme du style
persuasif de l'initiateur, qui, du reste, n'affirme pas, mais
espère (1). Cet espoir ne sera pas trompé : dans une plantation de mille souches américaines en cinquante variétés
des plus estimées, cultivées en cordons Cazenave, il a été
ménagé rez sol sur chaque pied un courson entretenu avec
soin; ce courson satisfait à un service régulier de mar-
cottes chinoises, depuis cinq ans : cette combinaison ne
nuit en rien aux souches qui végètent en parfait équilibre;
pourquoi une greffe substituée au courson ne donnerait-
elle pas des résultats aussi satisfaisants que le courson ?
ne voit-on pas, de toute éternité, les greffeurs remplir avec
des greffes les vides qui se produisent par accident aussi
bien sur les tiges que sur les branches de toute sorte de
végétaux. Le procédé Fitz-James est assurément un procédé d'avenir. Au reste, comme la souche défaillante, ne
vaudra ni moins ni plus par suite d'un échec dans l'essai
de substitution, chacun doit consulter, à cet égard, ses
souches inquiétantes ; tout le monde en a de ces traînar-
des, qui peu, qui prou, tous trop ; pratiqué en petit par

(1) Ceci, je ne l'affirme pas, mais je l'espère ; ce que j'affirme, c'est que si
notre espérance est déçue, il nous restera la greffe affranchie usuelle, qui d'a-
près une expérience de soixante-cinq ans, doit nous donner, en échange de
porte-greffes mal adaptés, des ceps francs de pied, empruntant l'âge du porte-
greffe sans accepter sa caducité.

LÖWENHJELM, duchesse de FITZ-JAMES.

chacun, l'essai sera fait en somme sur une vaste échelle et on sera bientôt certain de la valeur pratique du procédé.

Plus il n'est question ici, bien entendu, d'ablation des racines du greffon; il faut, au contraire, provoquer leur venue et favoriser leur développement par tous les moyens possibles; en greffant bas, par exemple, ce qui est d'ailleurs nécessaire, dans le cas de greffage réitéré, pour s'en prendre au vrai coupable ou à la vraie victime, le sujet. Cette digression s'imposait par les causes diverses d'intérêts qui s'y rattachent; mais rentrons au bercail.

Ce qui frappe dans les comptes-rendus, si complets et si bien étudiés, venus de toutes parts sur les greffes de Cadillac, c'est l'insistance avec laquelle les questions de fraîcheur reviennent sans cesse: c'est dans les régions où la sécheresse ne sévit pas, ou dans les cultures pour lesquelles le même état peut être obtenu artificiellement, que les réussites parfaites 90 ou 100 0|0 sont signalées; dans nos crêtes crayeuses, maroeuses, pierreuses et arides, que pouvons-nous espérer de cette greffe, sinon à peu près autant de mécomptes que d'essais; c'est, du reste, paraît-il, ce qui arrive à Cadillac même, lorsque les conditions s'y trouvent aussi contraires que nous venons de dire; seulement, à Cadillac, le cas est rare, c'est l'exception; il devient, ici, presque la généralité, ne l'oublions pas.

Cette greffe, d'où nous vient-elle : si on l'envisage au point de vue de l'emploi qu'on en fait aujourd'hui, au point de vue de la lettre, s'il est permis de dire, elle est assurément nouvelle, mais l'esprit remonte plus haut, infiniment plus haut.

M. Balet (*Art de Greffer*, 1880), donne une parfaite description de la greffe *de côté dans l'aubier*. Il conseille de conserver le sujet dans toute sa longueur au moment du greffage, pour l'abattre seulement après parfaite soudure et végétation de la greffe.

L'abbé ¦Dupuy (1859), donne aussi une très bonne description de¦greffe¦en *fente de côté*. Il la conseille exclusivement pour les arbres à fruits à pépins, et l'indique
comme praticable au printemps ou à l'automne (1).

Thouin ne donne pas absolument la greffe en fente
boisée de côté, mais plusieurs des nombreuses greffes que
donne cet auteur s'en rapprochent beaucoup, avec quelques légères variantes et la comprennent implicitement ou
virtuellement, il y a même un dessin qui la donne tout-à-
fait; seulement, la texte ne marche pas de conformité ! Il
n'est pas, paraît-il, plus facile d'écrire l'histoire des greffes que l'autre.

Olivier de Serres, qui ne recule pas à dire beaucoup de
paroles lorsque c'est nécessaire pour se faire bien comprendre, est très sobre en explications sur la greffe de côté
appliquée à la vigne: c'est pour lui la greffe au vilebrequin et du tout, il se remet volontiers à Columelle, qui
mérite cet hommage, car il s'explique bien. Il perce la
souche avec le *Gallicain* ou *Vilebrequin* pour éviter de
meurtrir le bois et de faire de la *Moulinure*, comme en
produisait la *vrille* ou *tarière* ou *foret des Anciens*. In-
terposant ainsi entre les deux bois des corps étrangers et
morts, de nature à vicier l'intervalle ; le vilebrequin donne
au contraire une coupe nette et vive par l'enlèvement de
minces recoupures; la surface du greffon dépouillé de son
écorce est aussi nette, le contact des bois est donc parfait
et absolu ; Columelle avait dit, l'instant d'avant, *ce fait*
(c'est-à-dire, lorsque la greffe aura fait sa prise), *on ro-
gnera tout le dessus du sarment où l'on aura enté, jus-*

(1) Pour faire une greffe en fente de côté, on taille le jeune scion en coin,
on fait une fente un peu oblique sur le sujet, on y insère la greffe de manière
à bien faire raccorder les écorces intérieures et à laisser sur la greffe un
bourgeon ressortant au dehors, on ligature et on enduit. Cette greffe doit se
faire vers la fin de l'hiver, au commencement du printemps ou bien à
l'automne.

(D. Dupuy. Librairie Centrale d'Agriculture, rue des
Grands-Augustins, 41, Paris. 1859)

qu'au greffe. C'est donc bien à la greffe boisée avec conservation de la tête du sujet, que nous avons affaire.

A la suite de ces grands jalons qui révèlent la marche de la greffe de côté avec conservation de la tête du sujet, et prouvent qu'elle a été pratiquée dans ce qui fut l'antiquité relativement aux Romains; il n'est pas sans intérêt de considérer, plus près de nous, la transformation des procédés d'exécution. On a vu Columelle substituer le vilebrequin à la vrille, Olivier de Serres adopte l'avis de Columelle; la Quintinie, 1716, semble ne pas connaître le procédé; à vrai dire la savante dissertation de ce grand seigneur jardinier, ressemble plutôt à une critique de Virgile qu'à un traité didactique sur la greffe : l'auteur parle en savant bien plus qu'en greffeur, et, monté sur ces sommets, il semble n'avoir pas conscience du parti que ses devanciers savaient tirer de la greffe de côté avec sujet dont la tête était temporairement conservée comme auxiliaire, pour favoriser la soudure des greffes.

Cette lacune surprend chez le directeur des jardins fruitiers du *Roy*, qui très certainement devait savoir combler les vides survenus sur les branches, aussi bien que sur le tronc des arbres merveilleusement formés et élevés dans les jardins de la couronne; le nouveau la Quintinie, le Berryais, a dû éprouver la même impression de surprise, au sujet de ce silence, car dans son édition de la Quintinie, il ajoute, après avoir traité de la greffe en fente : « On peut encore fendre un sujet par le côté, et y insérer « obliquement une greffe. » La figure montre un sujet non décapité.

En 1768, Duhamel dit: « A lieu de placer la greffe en « fente à l'extrémité du sujet, on peut la placer sur le « côté du tronc, pour le garnir de branches; la fente se « fait avec un ciseau, le greffon se taille en coin. »

En 1785, le continuateur de l'abbé Schabold, est encore plus explicite : « avec un ciseau plat, fort mince, j'ai fait

« tout près de l'écorce de la tige une entaille, profonde
« d'un demi pouce; j'ai aplati dessus et dessous l'extré-
« mité inférieure du rameau et je l'ai enfoncé jusqu'à la
« fondeur de l'entaille de la tige. » (Cité par l'abbé Rozier.)

Nous avons vu que dans l'édition Oscar Leclère, on
peut contester si Thouin parle de la greffe de côté, avec
conservation du sujet, mais dans le Cours d'agriculture
des Membres de l'Institut, 1809, Thouin ne nous laisse pas
dans le même doute; chargé du chapitre greffe, il donne,
non une simple greffe, mais une série à la greffe en fente
avec conservation de la tête du sujet : « La quatrième
« série rassemblera les greffes de côté, ou celles qui s'effec-
« tuent sur les côtés de la tige des arbres sans exiger
« l'amputation de leur tête. »

Et plus loin : « Ce qui distingue essentiellement cette
« série, c'est que leur pose n'exige pas l'amputation de la
« tête du sujet, et qu'elles s'effectuent sur les côtés de la
« tige. »

Après avoir décrit la greffe Térence, c'est le nom qu'il
donne à la greffe qui consiste en un trou de vrille bouché
avec un greffon taillé en cheville, le même auteur ajoute :
« On ne distingue la greffe Roger Schabold, de la précé-
« dente, qu'en ce que le rameau est aplati en bec de flûte;
« et le trou, une entaille faite d'un seul coup, au moyen
« d'un ciseau de menuisier et d'un marteau. »

Plus près de nous, dans la *Maison rustique du XIX*ᵉ
siècle : « Greffe Richard, rameau taillé en biseau très
« prolongé, inséré dans une fente pratiquée en biais dans
« le tronc d'un arbre. »

« La greffe Girardin est la même, mais spéciale au
« greffon à fruit, tandis que la greffe Richard s'applique
« au greffon à bois pour former des arbres ou des bran-
« ches. »

Enfin, dans la deuxième édition de son *Guide du jardinier multiplicateur*, qui peut remonter à peu près à
vingt ans, M. Carrière nous donne ce qu'il désigne par

greffe de rameau sur le côté du sujet, sans baptiser autrement cette greffe, il faut lui savoir gré de cette réserve, car la greffe a bien assez de noms. Voici à peu près ce que dit M. Carrière : Au lieu de tronquer le sujet, on le laisse dans son entier ; puis on fait longitudinalement une fente, non verticale, de manière que le greffon soit placé dans une position un peu oblique ; le greffon a été préparé selon la grandeur de l'ouverture, la tête est supprimée par fraction, successivement, après reprise pour refouler la sève sur la greffe.

Voilà déjà bien des avis divers, cependant ces auteurs ne sont pas les seuls dans lesquels les vulgarisateurs de la greffe de côté boisée, aient pu s'inspirer ; ce qui ne veut pas dire que les modernes greffeurs n'aient pas inventé cette greffe ou ne l'aient pas découverte : les bons esprits peuvent se rencontrer. Ce qui domine la situation, c'est que si, laissant de côté les détails secondaires, on envisage la chose dans ses éléments essentiels : la greffe faite *avec un rameau inséré dans le bois du sujet laissé entier*, a été connue et pratiquée de tout temps jusques bien avant au-dessus de notre ère, sans que nous puissions préciser ni le fait, ni la date de ses origines.

La greffe de Cadillac n'est pas la seule greffe sans décapitation du sujet, qui se pratique actuellement sur les vignes et dont le temps ait déjà consacré la valeur ; M. Rougier décrit dans ses instructions pratiques une sorte de greffe de ce genre, imaginée à Brignais par M. Gaillard.

Sur des souches adultes un trait de scie horizontal coupe le bois perpendiculairement aux fibres, sans pénétrer jusqu'à la moelle ; un second trait de scie pénètre dans le bois, au-dessus et à la distance de une fois et demie à deux fois la profondeur du premier trait, ces deux coupes doivent se rejoindre à la limite extrême intérieure du trait horizontal ; un morceau de bois en forme de coin est ainsi enlevé laissant à nu deux coupes, dont l'une est horizontale ; cette coupe reçoit un ou deux greffons posés en fente

5

ordinaire, comme il peut recevoir toute la série des greffes en couronne connues ou à découvrir ?

M. Robin, dans le journal la *Vigne américaine*, n° de juillet 1885, se complaît à nous montrer la vigne ainsi traitée lorsque vient l'automne qui suit le greffage, elle est chargée de fruits et les greffons donnent déjà leur contingent de raisins. Chez M. Gaillard, cette greffe est pratiquée à peu près au niveau du sol ; quel malheur, ne peut-on espérer qu'elle est susceptible d'être élevée aux honneurs de la greffe aérienne ?

Par l'usage traditionnel, par les précautions qu'impose un afflux désordonné de sève au moment de l'entrée en végétation, cette greffe est dévolue au sous-sol ; mais du moment qu'elle est pratiquée dans une saison où la sève ne survient pas avec les impétuosités de la jeunesse, en automne, elle en rappelle, puisque à ce moment la sève suffit à la soudure sans entraîner l'évolution immédiate des bourgeons ; enfin la présence du sujet laissé entier, maintient à la disposition de la greffe toute la sève dont elle peut avoir besoin, en même temps qu'elle amuse l'excédant de cette sève et débarrasse ainsi le greffon de ce qui pourrait lui être onéreux. Il se peut dire qu'il y a là des régulateurs puissants, une rare pondération des sèves sur un point d'intérêt majeur, dès lors, pourquoi cette greffe ne serait-elle pas appelée à de plus hautes destinées, pratiquée au dessus du sol ?

Les bruyants et légitimes succès de M. Ballan, à Cadillac; de M. Gaillard, à Brignais, leur ont suscité des émules qui grandissent dans l'ombre, mais ils ne doivent pas faire oublier que la greffe d'automne a été pratiquée sur plusieurs points avec succès, dans les conditions habituelles de greffage ; M. Loubet, président du Comice de Carpentras, a obtenu 98 % de réussites en opérant fin septembre la greffe en fente simple sur des sujets plantés à demeure (journal la *Vigne américaine*); vu de pareils résultats chacun peut essayer avec confiance.

Il y a dans tout cela de grands et d'incontestables services rendus à la cause viticole, mais il ne faut pas oublier que la majeure partie de ces greffes sont sujettes au terrible danger de l'affranchissement des greffons ; si on néglige de pratiquer l'ablation des pernicieuses racines, c'est la mort de la souche ; enlever ces racines, souvent et régulièrement, coûte très cher ; le défilé est étroit, cependant il faut passer. Ici encore, par bonheur, l'esprit de recherche ne reste point oisif et sans apparaître avec des allures de coup de théâtre la greffe aérienne marche et progresse à pas comptés mais sûrs.

M. B. Mathet, de Saint-Antonin, publie que le procédé au bouchon a donné dans son jardin, sous de grands arbres, et pratiqué sur une souche de chasselas à 1 m. du sol, 13 réussites sur 13 greffes faites ; M. Mathet ajoute que M. Alies, coutelier viticulteur, inventeur du procédé, inventeur et fabricant de la machine pour placer le bouchon, s'est donné pour enseigne une greffe de jacquez posée à 6 mètres de hauteur, et que la souche ainsi établie produit régulièrement depuis plusieurs années de belles et abondantes récoltes ; il y a deux ans, M. Alies a greffé un palestine sur riparia pour faire pendant au jacquez, le palestine n'a pas perdu de temps, ses belles longues grappes font l'admiration de la ville, des faubourgs et des champs. *Urbi et orbi.* M. Mathet adopte, paraît-il, comme nécessaire un enduit de plâtre superposé au bouchon. M. Alies semble partager cet avis. M. Mathet paraît considérer ce détail comme étant aussi simple à pratiquer qu'il le juge utile ; chacun sait cependant que le plâtre délayé durcit très vite, son emploi dans le vignoble nécessiterait l'adjonction d'un plâtrier au greffeur ; nous sommes fondés à espérer que la greffe Alies, ne sera pas réduite à cette encombrante nécessité.

Au printemps 1885, M. Alies vint instrumenter à Pech-Bétou, il exécuta diverses greffes dans des conditions plus ou moins favorables, et il obtint des réussites diverses ; il

posa, entre autres, cinq greffons de cabernet sur autant
de bras d'une jeune chaintre de york, deux des greffons
boudèrent, trois prirent très bien, la chaintre poursuit sa
carrière avec deux bras York et trois bras Cabernet, qui
font ensemble le plus édifiant ménage, et montrent la plus
louable émulation pour fructifier à qui mieux mieux.

Sur un York à sa troisième feuille, dont la tige était
bifurquée, à 1 m. du sol, M. Alies posa deux greffons de
Cabernet qui réussirent tous deux ; l'un donna un sarment
de 5 mètres, avec fruit et s'en alla cueillir sa part d'une
très jolie médaille au concours du Comice de Molières ;
l'autre s'en tint à 4 mètres de pousse avec fruit, elle dut
à ses proportions modestes de rester à sa place qu'elle
remplit très honorablement. Aucune de ces cinq greffes
n'avait reçu du plâtre ; il ne faut donc pas que la terreur
du plâtrier compromette la juste confiance qu'inspire la
greffe Alies. Non-seulement le produit des greffes est considérable, mais les fruits sont incomparablement plus
beaux que ceux produits par des Cabernets franc de pied
cultivés là près.

Comme on le voit, le succès de Pech-Bétou, est loin de
pouvoir être comparé à celui de M. Mathet, la fraîcheur
des ombrages, souvenons-nous que M. Mathet opère sous
futaie, un sol très riche, sans doute, une habileté de main
exceptionnelle, des progrès survenus dans la façon d'o-
pérer pendant les années d'études sérieuses qui se sont
écoulées, depuis que furent faites les greffes de Pech-
Bétou, ces motifs et autres expliquent à merveille la meil-
leure réussite à Saint-Antonin qu'à Pech-Bétou, les trois
sur cinq et deux sur deux, ici obtenus ne sauraient être
interprétés 60 % ni 100 %. Mais tel qu'il est, le résultat
se montre cependant plein de promesses, surtout si on
ajoute l'assurance donnée par M. Alies qu'il a obtenu 60 %
effectifs dans la pratique courante. M. Alies est doué, du
reste, de toute l'intelligence et de toute la persévérance
nécessaires pour perfectionner, pour compléter son œuvre,

pour utiliser les conseils qui peuvent lui être donnés, pour aboutir enfin de bien à parfait. A la dernière heure, M. F. S., château de Montportail, par Pont de Veyle (Ain), annonce à M. [Alies qu'il a plus de 80 0[0 de réussites dans ses greffes courantes au bouchon ; et sur une souche américaine, cinq greffes réussies sur cinq greffes faites ; la plus courte des cinq mesure 2 mètres, la plus longue a 3 mètres 40, le 19 août.

Autres greffes aériennes. — M. Jules Daumas défend et reconstitue son vignoble de Latour Camblanes, près Bordeaux ; un des premiers il a été sur la brèche, usant sans parti-pris de tout ce qui lui paraissait bon pour conduire au but positif, et consacrant ses laborieux loisirs à chercher mieux. L'expérimentateur est guidé par la théorie qui préside à la formation des boutures et des greffes, nous n'avons point mission de révéler ce point de vue, ni de le discuter, c'est un soin que M. Daumas prendra lui-même lorsqu'il jugera le moment opportun, nous usons simplement de l'autorisation gracieuse que M. Daumas a bien voulu nous donner de publier le résultat de ses essais durant l'année 1886. On jugera de leur valeur si on veut bien reconnaître que toute réussite de procédé, fût-elle unique, ne demande pour être répétée qu'une seule condition : observer judicieusement, saisir et reproduire les circonstances dans lesquelles la réussite a été obtenue.

Les greffes étant taillées et assemblées sont ensuite revêtues d'un morceau de plomb en feuille, dit plomb de marbrier ; ce plomb doit être assez mince pour qu'on puisse en obtenir aisément une parfaite adhérence sur le bois, et assez épais pour présenter un degré suffisant de solidité ; les plaquettes de plomb doivent être d'une dimension telle qu'elles enveloppent la greffe en débordant un peu la ligne de soudure, elles doivent dépasser chacune des deux extrémités de la greffe d'environ un centimètre, et elles doivent être percées d'une petite ouverture destinée à donner passage au bourgeon, le plomb étant posé et bien modelé sur le bois on ligature solidement à la raphia.

Voici la liste des formes de greffes soumises aux essais et la proportion des réussites obtenues pour chacune d'elles.

		Faites	Réussies	%
Fente simple,	pl. III, fig. 1.	16	9	56
— demi navette,	pl. III, fig. 2.	15	7	64
— de côté avec œil d'appel,	pl. III, fig. 3.	35	21	60
— de côté sans œil d'appel,	pl. III, fig. 4.	15	4	26
Greffon à épaulement,	pl. III, fig. 5.			
Fente avec épaulement,	pl. III, fig. 6.	16	8	50

Ce n'est pas le dernier mot souhaité, sans doute; ce sont au moins des rivales sérieuses avec lesquelles les greffes en sous-sol auront à compter; n'insistons pas pour ne pas risquer de déflorer par des interprétations plus ou moins fondées, l'éloquence naïve des chiffres.

Mais nous voici loin de la greffe mise en présence des grandes formes, qui fut notre point de départ; il mérite cependant de n'être point perdu de vue. Tant que soit bonne une greffe, encore y a-t-il manière de s'en savoir servir.

On recherche activement les causes des défaillances trop souvent signalées dans la reconstitution du vignoble, et on a certes bien raison de les chercher, car si on ne trouvait la cause, et par surcroît le remède il ne servirait de rien que les vignes du nouveau monde fussent substituées à nos anciens cépages. On étudie surtout l'influence des sols, celle des climats, des expositions sur les divers cépages nouveaux venus; cette influence est grande assurément, les recherches sont actives et on peut espérer d'être fixé avant peu sur les variétés américaines qu'il convient d'appliquer à chaque sol; mais s'il est question de greffes il faut prendre garde que le greffon peut être tout aussi compromettant pour le sujet que peut l'être le sol lui-même ; la raison en est simple : parmi le petit nombre de choses unanimement reconnues certaines dans la végétation de la vigne, on peut compter la marche de la sève ascendante développant les bourgeons et les feuilles, puis la marche de la sève descendante qui constitue le bois et les racines après avoir été élaborée au contact de l'air dans les feuilles. Arrêtons-nous-là, sans parler du fruit, car nous irions nous heurter au Docteur Guyot qui a vu les raisins se nourrir de la sève ascendante ; cela ne nous intéresse pas pour le moment, attachons-nous au bois. Voilà donc la sève élaborée dans les feuilles qui s'en va faire des racines, et elle en fera d'autant plus, sans doute, qu'il y aura plus de feuilles. Veuillez admettre qu'il s'agit d'un Taylor, on sait que le phylloxera professe pour ce plant une prédilection marquée, les légions de l'insecte s'y succèdent à rangs pressés et à colonnes profondes ; si la vigne résiste, c'est grâce à sa plantureuse feuillaison qui envoie des flots de sève assurer avec excès le remplacement des racines dévorées ; greffons cette souche en Pinot, c'est-à-dire, réduisons de moitié, des deux tiers, peut-être, la ramure aérienne et le feuillage. S'il s'agit d'une souche ordinaire taillée à court bois, la conséquence ne saurait manquer d'être prochaine et chacun la peut déduire sans qu'il soit presque nécessaire de la formuler. Le phylloxera ou les désordres qu'il produit absorbent et détruisent une certaine quantité de sève, soit 2/5 par exemple, le feuillage du Taylor en envoie 3/5. Le vide est comblé et par surcroît la souche vit, elle fructifie et grandit. Si le feuillage n'envoie plus que 1/5e de sève, la souche entre dans une voie de dépérissement dont la conclusion ne saurait être que fatale. Mais s'il est question d'une chaintre couvrant 12 à 15 mètres carrés de terrain, les choses peuvent se passer tout autrement.

Une apparence d'objection doit être ici relevée : les portions aérienne et souterraine, sont dans les deux cas équilibrées, par conséquent la ruine des racines du Taylor greffé en Pinot, sera relativement aussi grande pour la chaintre que pour la souche à court bois et les deux périront sans avoir rien à s'envier. Mais si on veut bien voir que dans la taille de la souche ordinaire à court bois, il n'est conservé qu'un nombre d'œils réduit à presque rien, de telle sorte que le petit nombre des bourgeons qui végètent, doivent vivre pendant longtemps par la sève seule des racines, avant que ces bourgeons puissent venir réciproquement en aide aux racines en leur envoyant une quantité appréciable de sève élaborée ; si d'autre part on observe que pour la chaintre, la taille n'enlève qu'infiniment peu de bois comparativement à la taille de la souche, et que par conséquent le nombre considérable de bourgeons conservés, fournit, presque au début de la végétation, une masse de sève descendante qui constitue sans tarder un chevelu précoce ; il est aisé de reconnaître, en comparant ces états divers, que les conditions ne sont pas les mêmes, et que les racines de Taylor, seront mieux secourues dans la chaintre que dans la souche ; au reste l'expérience dira ce qu'il en est de la valeur de ce point de vue, et dans tous les cas quelle que soit la forme adoptée, le greffeur fera bien, jusqu'à preuve qu'il vaut mieux faire autrement, de munir tout porte greffe, si résistant soit-il, d'un greffon de variété aussi vigoureuse et aussi feuillue qu'il est lui-même ; cela, sous peine de se faire le complice du phylloxéra contre la souche.

La chaintre, et les grandes formes en général, ont été quelques fois proposées pour prolonger l'existence des cépages français aux prises avec le phylloxera, l'expérience ne confirme pas cette présomption : dans trois lignes contiguës, l'une en souches ordinaires, une en cordon Casenave, l'autre en chaintres, le tout en même cépage, Cabernet de 15 ans, le phylloxera venu, tout a fléchi à la fois, mais cela ne prouve pas que la forme en chaintre ne puisse pas conserver leur résistance aux résistants :

l'aide insuffisante et inefficace pour sauver les chétifs, peut intervenir utilement pour sauver les forts.

En voilà bien assez, même trop sur la greffe ; cependant il n'est guère possible de ne pas dire un mot au sujet du duel d'Agen. Pendant que nous nous obstinions à opérer la greffe dans le mérithalle, tout en recherchant sur le conseil des maîtres greffeurs du Midi, les bois les plus durs et les plus pauvres en moelle, M. Demeste, tranchant le nœud gordien, s'est avisé de réduire la quantité de moelle à zéro en opérant dans le nœud ; l'idée était hardie, car sur ce point que deviennent les coïncidences du liber que notre catéchisme de greffeurs nous a infusées comme premier article de foi ? *E pur si muove*, réplique M. Demeste. C'est alors qu'il s'est vu appelé sur le terrain ; la greffe sur mérithalle et la greffe sur le nœud sont aux prises dans le champ expérimental des vignerons d'Agen.

Si la greffe sur mérithalle reste victorieuse, il faudra croire que son parrain a bien finement opéré, car voici ce qui arrive à Pech-Bétou, en pareille rencontre que celle d'Agen : c'est le 27 mai que fut connue ici la situation émouvante des adversaires, il était déjà bien tard pour greffer, mais la question était d'un si majeur intérêt, qu'il fut incontinent fourni aux deux rivaux, champ clos et armes égales.

Les bois, n'étaient déjà plus dans toute leur perfection, les œils étaient un peu mollis et gonflés, cela n'était pas encourageant, et de fait, les tentatives hasardées depuis lors pour continuer le greffage ont donné plus d'échecs que de réussites, la sécheresse aidant, tout, ou presque tout, s'en va mourir à qui mieux mieux.

Telles sont les conjonctures dans lesquelles M. Béray, greffeur à Rastel, près Montauban, accepta la délicate mission d'instrumenter comparativement. Ledit 27 mai, sans tarder, l'opérateur pratiqua 29 greffes anglaises dans le nœud, et 132 dans le mérithalle ; on voit que nous

6

restions sur la défensive vis-à-vis du nœud; quelle faute !

Aujourd'hui, un point émerge comme une oasis sur la planche qui laisse voir beaucoup trop de terre en d'autres parties, dans les 29 greffes sur nœud, il y a 27 réussites marchant comme un seul homme, encore faut-il dire qu'un retardataire suit bravement, ce qui porte le nombre des réussites à 28, soit 96 °|₀. Le n° 29 paraît bien mort. Sur les 132 greffes dans le mérithalle, 90 ont bien poussé, 16 suivent assez bien, 26 paraissent mortes. Soit 106 réussites ou 84 °|₀.

Gloria victis, vœ nemini.

Décidément il y a du bon dans la greffe sur le nœud, elle mérite et appelle l'attention des viticulteurs, elle doit être essayée comme greffe aérienne d'automne.

A la suite de ces considérations et recherches, le lecteur est bien en droit de réclamer un brin de conclusions solides et pratiques; voici les nôtres; elles sont données sous toutes réserves, car le plus clair du résultat de nos études est que l'expérience en viticulture américaine est très souvent appelée à redresser des convictions profondes et sincères, assurément, mais hâtives.

Veut-on demander à une terre d'alluvion, riche et profonde, consacrée à la culture de la vigne, un revenu proportionné à sa valeur : on peut la complanter avec des Nohas cultivés en cordons très espacés, lignes à 3 mètres une de l'autre, souches distantes de 2 à 3 mètres dans le rang et cultures intercalaires de racines. Cela doit donner des flots d'un vin susceptible de produire une très bonne eau-de-vie qu'il serait bien désirable de voir substituer à l'eau-de-vie exotique de pommes de terre, vendue sous étiquette française rouge bleu et or; Le Noha si tout ce qu'on nous en dit se confirme, et si, ce qu'il nous fait voir persiste, sera comme une Folle américaine; et si on admet un cinquième de York dans la plantation, la quantité sera diminuée légèrement ainsi que le titre alcoolique, mais en cas de rareté de vin, la récolte sera utilisable en naturé comme vin peu foxé d'une jolie couleur. Il se peut que le Noha, ne soit pas doué d'une faculté de résistance indéfinie, mais dans un sol riche, s'il doit périr, ce ne sera pas avant d'avoir donné une longue série de grosses récoltes rémunératrices.

Que si le viticulteur préfère récolter dans le même sol une quantité moindre, en vin de consommation courante ; le Taylor greffé soit en Cot-vert, soit en Alicante-Bouchet, soigneusement défendus contre le Mildew et les autres cryptogames, doit satisfaire ce désir, pourvu qu'il soit cultivé en souches largement espacées, pampres relevés et palissés avec soin.

Veut-on planter la pente d'un côteau, en sol ordinaire, silice et argile : on peut mettre pour producteurs directs : dans le bas, des Jacquez ; dans le haut, des Othéllos ; et comme souches greffées : dans le bas, des Cot-vert ou des Alicante-Bouchet, sur Solonis ; à mi-côte, de la Syrah ou des Alicante-Bouchet, sur Vialla ; dans la partie haute, du Cabernet sur York ; cela doit donner des vins délicats et solides, propres à la circulation et de bonne garde.

Sur les plateaux élevés, en terre ordinaire, le Cabernet, la Syrah ; le Valdiguier sur York devront faire très bien et donner des vins équivalents, sinon supérieurs à ceux des pentes ; toujours, autant que faire se peut, en cordon Cazenave bien ajustés comme distances et dimensions à la puissance du sol, suivant variétés ; sans oublier une petite part faite à l'essai des chaintres ; l'Herbémont élevé dans cette forme interviendra surtout utilement pour les sols pierreux et calcaires.

La réserve de M. de Ferron, relativement aux terres herbeuses, est certainement très fondée, mais peut-être un peu absolue ; entre la chaintre et l'herbe, il peut y avoir, nous voulons l'espérer, des accommodements, surtout lorsqu'il s'agit de petites portions expérimentales ; puis, lorsque l'expérience a parlé, son conseil magistral s'impose et prime tout.

Voilà une grande disette et bien peu de choix en présence des centaines de variétés inscrites sur les catalogues : plût à Dieu que, même dans ces proportions exiguës. nous puissions fournir garantie contre les déboires ! Nous aurons assurément beaucoup plus et beaucoup mieux dans l'avenir ; déjà il paraît qu'on augmente le produit sans infirmer notablement la qualité en introduisant pour une part dans les plantations, le Grappu, le Jurançon noir, le Tardif, etc. On peut voir, à Villemade (Tarn-et-Garonne), à Villeneuve-sur-Lot et ailleurs, des vignobles qui établissent la valeur de ces cépages.

Le Portugais bleu, l'Etraire, le Castets, etc., sont très conseillés, ils font certainement bien ailleurs et méritent d'être essayés ici.

Vient ensuite le tumulte des semis, leur flot s'élève toujours grossissant et il nous menace d'un vrai déluge, ces nouveaux-nés sont tous des merveilles et si on en vend beaucoup aux prix qu'on leur attribue, ils auront certainement le mérite d'enrichir les semeurs ; seulement, à leur endroit, une question se pose : sont-ils résistants ? En attendant la réponse, leur place est marquée dans les vignobles d'étude. Au reste, chacun doit, dans la limite de ses possibilités, se livrer à des essais suivis attentivement et en faire connaître les résultats, la statistique fera le reste.

Dans la pratique, le mieux est de s'en tenir aux plus grandes probabilités basées sur l'expérience ; néanmoins gardons-nous bien de méconnaître la valeur des recherches théoriques ; celles de M. Dejardin sur l'adaptation, par exemple, guident très utilement les essais du praticien ; M. Planchon, en discutant ces théories, assure et éclaire la marche du laborieux et intelligent pionnier. Les idées se rencontrent, se complètent, s'expliquent l'une par l'autre. Elle est déjà loin la période des confuses consternations ; aujourd'hui, on se sent les coudes dans la mêlée : à la greffe en fente de côté avec sujet entier de

Cadillac, répond la greffe en couronne de côté avec sujet entier de M. Gaillard ; à la greffe aérienne au bouchon de M. Alies répondent les greffes aériennes au plomb de M. Daumas, les chercheurs ont conscience qu'ils sont appuyés, compris et appréciés.

Il faut bien avouer que pendant longtemps nous avons procédé un peu à tort et à travers ; aujourd'hui nous sommes à l'aurore de l'âge adulte et fécond pour la renaissance du vignoble.

LÉONCE BERGIS,
Président honoraire de la Société d'Horticulture
et d'Acclimatation de Tarn-et-Garonne.

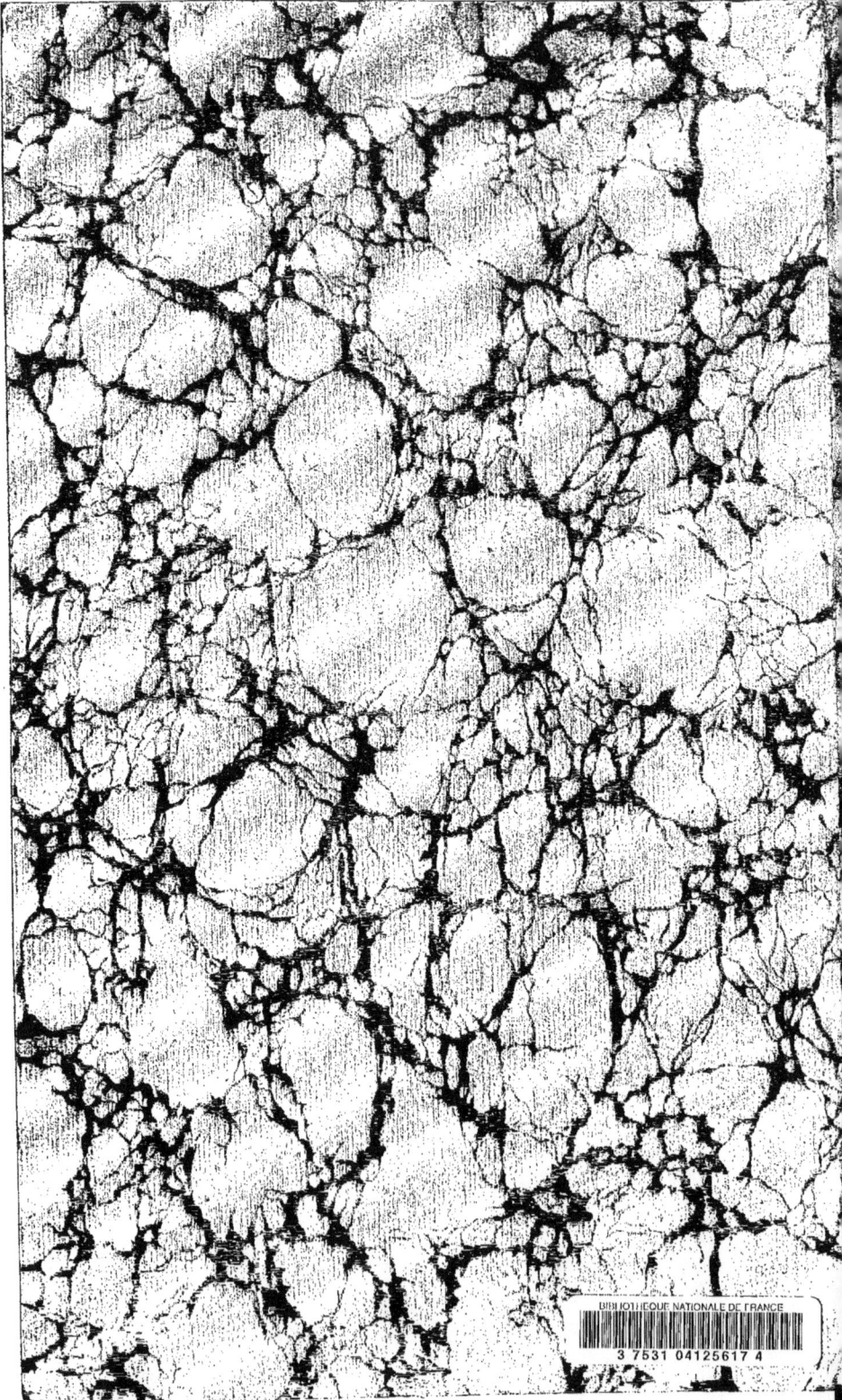

www.ingramcontent.com/pod-product-compliance
Lightning Source LLC
Chambersburg PA
CBHW070807210326
41520CB00011B/1863

Lutte pour le vin, étude pour la reconstitution du vignoble dans le département de Tarn-et-Garonne (par L. Bergis)

http://gallica.bnf.fr/ark:/12148/bpt6k936650s

hachette LIVRE   {BnF   gallica BIBLIOTHÈQUE NUMÉRIQUE

9 782011 273024